中国电力出版社
CHINA ELECTRIC POWER PRESS

内容摘要

本书根据高等院校建筑学专业水彩课程的教学要求，由清华大学周宏智副教授在总结多年教学经验的基础上编写而成。全书按照教学步骤由易到难、分门别类地讲解了水彩画的学习要点，包括水彩画简介 、静物画练习、风景画与建筑画练习、水彩画作品。其讲解详尽、范例精美、实用性强，适合高等院校建筑学、景观设计、室内设计等相关专业学生使用，同时也适合广大美术爱好者使用。

图书在版编目（CIP）数据

建筑美术. 水彩 / 周宏智著. —北京: 中国电力出版社，2012.6（2019.1重印）
ISBN 978-7-5123-2800-6

Ⅰ. ①建… Ⅱ. ①周… Ⅲ. ①建筑艺术—水彩画—绘画技法—高等学校—教材 Ⅳ. ①TU204

中国版本图书馆CIP数据核字（2012）第040114号

中国电力出版社出版发行
北京市东城区北京站西街19号　100005　http://www.cepp.sgcc.com.cn
责任编辑：王　倩（010-63412607）
责任印制：杨晓东　　责任校对：李　亚
北京盛通印刷股份有限公司印刷・各地新华书店经售
2012年6月第1版・2019年1月第4次印刷
889mm × 1194mm　1/16・7.75印张・216千字
定价：49.80元

前　言

任何类型的艺术表现都离不开技术的保证，而熟练的技巧则来源于反复的实践，对于初学者来说更是这样。本书的内容是向读者介绍水彩画写生或创作的基本技法，也是作者从事水彩画教学的一些个人经验。实际上，艺术创作中的任何技法和原理都是艺术家的个人经验，没有什么绝对的正确与错误，学习者只是从中汲取那些对自己有启发的东西，并且根据自己的理解去学习和运用。

水彩画是一个历史悠久的画种，但是人们好像对它既熟悉又陌生。熟悉，是因为“水彩画”这一术语似乎尽人皆知；陌生，是因为当前它并未在社会环境中得到充分的展现，无论是在高等院校的美术课程里，还是在业余画家中，系统教授或学习水彩画的人并不多。原因是多方面的，但有一点是肯定的，即水彩画的技术较其他画种要更复杂一些，会让从事色彩实践的初学者望而却步。其实，如果你能够不畏困难努力实践，就会在学习和创作的过程中充分地体验到挑战的魅力，其中既有失败的沮丧，也有成功的喜悦。不要说是初学者，即使是经验丰富的水彩画家也难免在创作过程中遭受技术上的困扰或失败。许多难以掌控的变化，甚至是偶然性的效果都可能造成失败，当然也可能带来惊喜，这也正是水彩画创作过程的魅力所在。

水彩画作品的题材非常广泛，本书主要选择了静物、建筑、风景等题材予以技法方面的介绍，尤以建筑题材为重点。原因是作者在建筑学院从事美术教学，平日给学生们所讲授和训练的内容多以建筑题材为主，写作本书的目的也是为了给学生们提供一本参考书。当然，水彩画的基本技法并不因为表现题材的不同而有什么本质上的差别。作为技法训练，任何题材都可以，但不同的题材在水彩画表现中也的确存在着难易程度上的差异。例如，静物和建筑总要比植物和人物好掌握一些。原因是前者是静态的，而且一般都具有比较明确的几何基础，容易分析和把握；后者是动态的，并且多是有机形态，描绘起来要相对困难一些。因此初学者最好从静物画开始，逐渐过渡到比较复杂的题材。

学习水彩画技法可以通过多种方式练习，写生是最重要的练习手段。写生的过程包括了对实际景物的色彩分析、色彩运用和艺术表现的全部内容，写生既是分析问题解决问题的练习过程，又是发挥想象力与创造力的创作过程。

临摹优秀的水彩作品也是一种学习方法。不过，我主张初学者最好先进行写生练习。写生过程中会出现这样或那样的问题，会遇到各种各样的障碍和麻烦，带着问题和困惑再去有目的地临摹优秀作品会更有效。

参照摄影作品进行水彩画练习也是可取的。照片可以为我们提供物体的形态和固定的色彩，学习者可以参照它进行水彩画技法练习。许多专业人士也利用照相机收集创作素材，并且经过对照片的重新组织、提炼和改造来进行水彩画创作。对于学生来说，从照片中所获得的色彩印象是不自然、不真实的，除了参照它进行技法练习之外，永远不要指望通过照片来体验和训练色彩感觉，真实生动的色彩只存在于大自然中。

阅读和研究相关的理论与技术性书籍对于学习绘画是有帮助的，但是所有的问题归根结底要在实践中得到解决。最好的老师是兴趣，最好的课本是自然，最佳的途径是实践。

目　录

1 水彩画简介

在诸多的绘画种类里，水彩画以其明澈清丽的风格、丰富多彩的表现力以及便捷经济的材料得到艺术家和大众的喜爱。作为一个独立的画种，水彩画曾有其辉煌的历史，也留下了众多超凡的杰作。由于其表现力丰富且操作便捷，许多艺术家经常以水彩画作为大型创作的构思准备，并用来绘制草图。随着艺术跨入当今时代，水彩画在题材选择、风格表现以及技术手段等方面都发生了极大的变化。这门古老而鲜活的艺术永远以其独特的魅力吸引着无数爱好者在此耕耘和收获。

1.1　水彩画的一般知识

水彩画就其材料本身而言具有两个基本特征：一是颜料本身具有的透明性，二是绘画过程中水的流动性。由此形成了水彩画不同于其他画种的外表风貌和创作技法。颜料的透明性使水彩画产生了一种明澈的表面效果，而水的流动性会生成淋漓酣畅、自然洒脱的意境。

利用上述材料特点，水彩画家们创造出了极为丰富多彩的表现技法和艺术风格，最具代表性的有干画法和湿画法。所谓干画法是在绘制过程中采用多重反复着色的方法，而且基本上是在每层颜色干燥后再施以新的颜色，这样就要充分利用颜料的透明度，使重叠后的色相效果满足预期的需要。干画法的风格特点是层次丰富，精致入微，可以形成非常逼真的视觉效果。

干画法实例

湿画法是利用水的流动变化造成色彩的相互交融，由此产生淋漓酣畅的自然效果。湿画法的基本技术特点是通过水的流动使不同的色彩相互交融渗透，并且在这个过程中实现色相的变化。由此就加大了技术处理上的难度，作画者必须能够预知不同的颜色在不同的湿度和浓度下相互渗透所产生的色彩效果。有经验的画家能够做到有效地控制色彩的变化，并使其达到满意的效果，毫无疑问，这种能力必定要建立在大量实践的基础之上。以上特征也决定了湿画法在色彩的交融生成中充满着偶然性和不可重复性，因此也使绘画过程带有一定的挑战性和无限的魅力。我的体会是，要想熟练地掌握湿画技法，唯一可行的途径就是大量的实践。如果你画了20幅画总要比画过两幅画强，如果你画了100多幅水彩画，那你基本上就能够熟练地掌握技法了，道理就是这么简单。所有的书籍、画册只能为你提供一些启发和指导，永远替代不了实践。

湿画法实例

以上分别介绍了水彩画中干画和湿画两种风格与技法的特点，但是多数情况下在一幅水彩作品中两种技术手法是同时使用的，这样才能够更自由充分地发挥水彩画的材料特点。

在当代的水彩画作品中我们可以看到许多非常自由的表现技法，有的画家尝试使用各种工具或添加剂，他们在水彩画中加进食盐、胶水、肥皂水、松节油甚至是各种材料的拓印、拼贴，所有能想到的材料只要能产生画家所期待的艺术效果就大胆地运用，不受任何传统理论或经验的约束。艺术就是这样，没有什么理论是不可挑战的，也没有什么东西是不可尝试或改变的。

水彩画在题材的选择方面是十分广泛的，风景画是水彩画家们非常青睐的一种题材。大自然为我们呈现出无比丰富而生动的色彩，无论是温暖绚丽的阳光，还是深沉辽阔的海洋，无论是明媚斑斓的花木，还是阴霾密布的云朵，无不唤起艺术家内心的色彩冲动和表现欲望。钟情于大自然的画家永远不知疲倦地通过风景画来表达自己内心的色彩世界。

静物也是水彩画中常见的题材，静物品类繁多、形式各样、色彩丰富，艺术家可以根据自己的意图有意安排所需要的内容和构图，创作出意境幽远的静物画作品。

相比之下，人物画对画家技法熟练程度的要求比较高，要求画家首先要具有很好的人物画素描基础，同时还要具备丰富的水彩画经验，因此人物题材不是初学者的最好选择。

有许多现当代的水彩画画家选择了抽象的形式来表达他们的艺术理念，创作出了大量的优秀作品。当绘画摆脱了可视外观形象的束缚之后，它那明澈自由流畅的材料特征在抽象表现中获得了更自由的发挥。

建筑题材的水彩画历史悠久，出于职业性的审美爱好和需要，它们更加受到建筑师们的青睐，当然也是许许多多水彩画爱好者所热衷的题材。优秀的建筑本身就是精美的艺术，它不仅以其尺度、比例、材料、色彩、装饰以及变幻的光影效果等形象因素引起人们感观上的审美体验，而且通过形象传达着某种精神内涵。

总之，水彩画的题材非常广泛，甚至是无所不含，但就艺术表现来说，重要的问题不在于画什么，而在于怎么画。画什么是内容问题，怎么画是形式问题。区别不同的艺术风格和品质，展现艺术家的精神和修养，更深刻的东西体现在形式上，而不在内容上。

1.2 工具材料

先介绍一下水彩画所需要的基本工具。选择适用的画笔是很重要的，在美术用品专用店就可以买到专用的水彩画笔，大致有平头和圆头的两类。大部分水彩画笔是用天然与合成材料作笔毛，当然也有价格昂贵的画笔，如貂毛画笔等，但对于一般水彩画爱好者来说普通画笔就足够用了。从事一般性的写生或创作需要准备大、中、小三种型号的圆头画笔，还要备有一把约3~4厘米宽的板刷和一两只平头画笔。以上只是对初学者的一些建议，专业水彩画家都是根据自己的经验和兴趣选择工具的。有些人喜欢尺幅巨大的画作，一般的工具就不能满足他们的要求了。

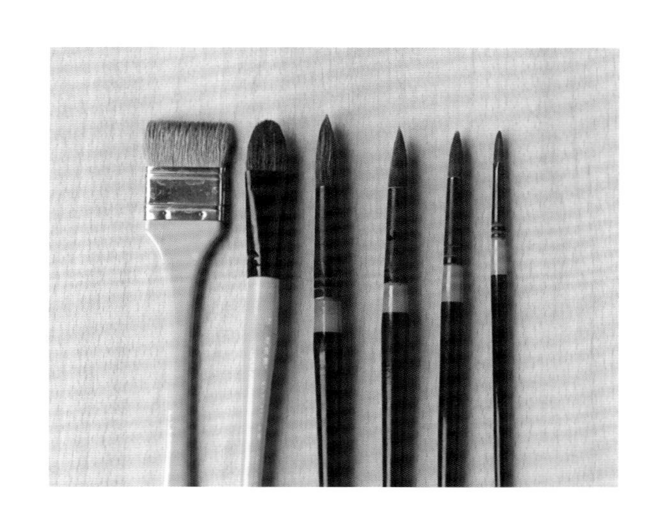

画纸可以选用冷压水彩纸，水彩纸的表面颗粒有粗细之分，选择哪一种取决于艺术家的个人习惯、画面内容和画幅尺度等因素。说到画幅尺度，有必要提醒初学者注意，画幅过大或过小都不太适宜，一般不要小于20cm×30cm，但也不要大于40cm×50cm。画幅长和宽的比例可根据兴趣和所画的题材内容而定。专业人士经常创作一些超常规尺度的作品，那属于艺术家的个人追求和艺术风格问题，我们不在本书中探讨。

作画之前最好先用清水将画纸浸湿或用板刷蘸清水将画纸的两面全部刷湿，然后用水融胶带沿着纸张的四边把画纸粘贴在画板上，干燥后纸面会非常平整，而且在绘制过程中纸面也不会出现太大的变形。

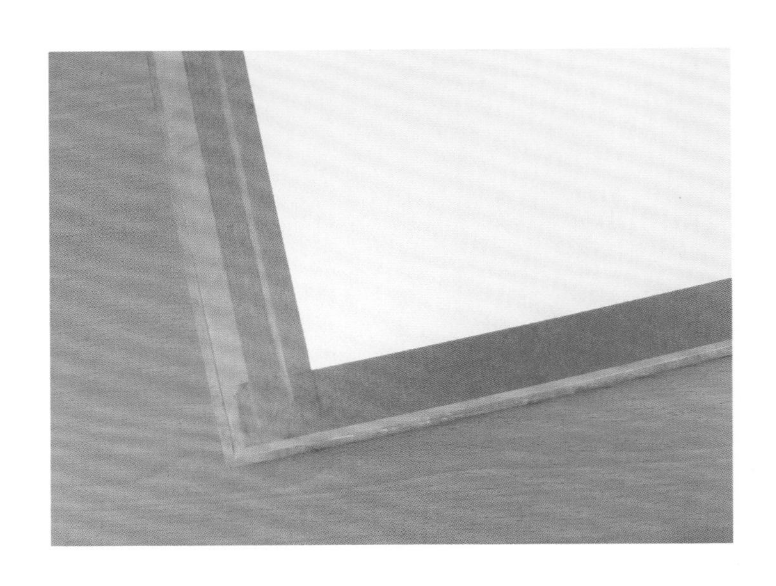

颜料一般采用管装的就可以了，有些颜色是必备的，如红、黄、蓝三种原色。以下是一些常用颜色：

红色类：深红、大红、朱红；

黄色类：土黄、中黄、柠檬黄；

蓝色类：普蓝、群青、湖蓝；

绿色类：翠绿、浅绿；

褐色类：凡戴克棕、熟褐、熟赭；

另外，还可以准备一支培恩灰。

水彩画颜料的种类很多，但绘画时不可能所有的颜色都用。实际上经常使用的色彩不过七八种。一般每个人在作画时都有自己的习惯用色，这种现象是普遍的。越是成熟的画家在创作时使用的颜色越有限。

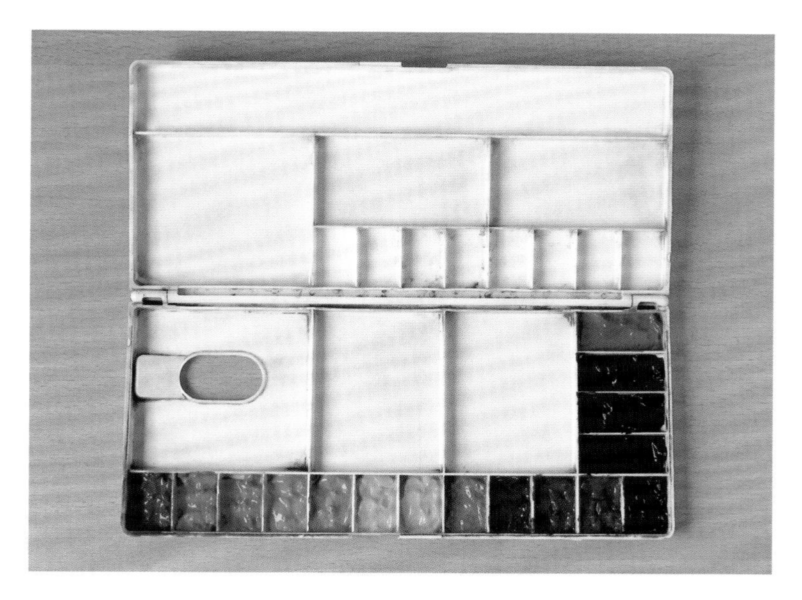

图中调色盒里的色彩是从暖色到冷色依次排列的，它们分别是：深红、大红、朱红、橙色、土黄、中黄、柠檬黄、永固浅绿、宝石翠绿、湖蓝、群青、普蓝、培恩灰、凡戴克棕、熟褐、熟赭。

你完全可以根据自己的色彩喜好和习惯增加或减少调色盒中的色相，但是一般都要按照色彩的冷暖类别依次排列，主要是为了调色的便利。

除了用普通调色盒外，还可以使用其他白色的塑料盘或瓷盘调色。

除上述之外，一些辅助的工具材料也是不可或缺的，如洗笔用的水罐、带有喷雾口的小瓶和纸巾等。当画面干燥后，而你却希望画面局部或整体恢复湿润，可以用装满清水并且带有喷雾口的小瓶将画面喷湿，如果调色盒里的颜料干了或调色盘中缺水了都可以用它来解决。纸巾一般是用来修改画面的，如果某个地方画得不好需要修改，可以用毛笔蘸上清水轻轻地将画面上的颜色洗掉，然后用纸巾把残留的水和颜色吸净。另外，海绵也是用来清洗和修改画面的常用工具。

以上介绍了画水彩画一些常用和必备的工具材料，然而一切都不是规定死的，任何人都可以通过创作实践选择符合自己需要的工具材料。一切都从实践开始，在实践中总结经验，在实践中收获惊喜。

2 静物画练习

静物写生是进行水彩画训练和创作的一种常见题材，而且也是初学者的最佳选择。物体是静态的，环境也是相对稳定的，静态的物体和稳定的光线，便于我们从容地观察和分析对象的色彩关系。静物的种类繁多，各式各样的形态、颜色、材料，为我们研究和表现不同的造型、色彩和质感提供了丰富多样的素材。以下我们将以比较典型的几类物体为例进行形式分析和写生技法的介绍。

2.1 水果

首先，我们来画一组水果。水果的特点在于固有色鲜明，形态比较简单，便于观察和把握。写生时要注意以下几个问题：首先，水果的颜色普遍比较鲜艳，但也不能因此而过分地使用纯色。在特定的光线环境下，物体的受光面和背光面会呈现出不同明度和纯度的色彩，同样的物体在不同空间位置上也会出现色相、明度和纯度上的差异。其次，要运用合理的笔触表现物体的结构感，避免过于圆润的效果，做到这一点需要进行反复的试验。最后，还要仔细观察果品的形状特征、大小比例、微妙的色彩差异等。100个苹果就有100种形状和颜色。因此，写生时应避免简单化、概念化。

图2-1（1） 步骤一

“展纸作画，章法第一”，任何画作均从构图开始。首先，选用HB的铅笔开始起稿，画稿不必描绘过多的细节，但是要抓住每一个果品的形状特征，还必须将构图关系考虑周全。

其次，确定所画物体的大致位置，并画出所有物体的基本轮廓和大体结构。

图2-1（2） 步骤二

在这幅画里首先从构图中最重要的部分开始着色，也就是构图中处于前面的几个水果。需要强调的是：水彩画的着色要分为几个步骤完成，先画出各个部分的基本色调，然后再整体逐步地深入。用深红、大红加群青画前面那个色调较暗的苹果。注意，在适当的位置留下高光，用笔尖蘸着少量清水在高光的某个边缘轻轻扫一下，以使高光的形状显得自然缓和，避免高光四周都是呆板的硬边。后面的两个苹果色调较浅而且偏暖，是用深红、朱红和中黄调和的，为避免颜色过暖可以加少许的补色——群青。那个绿色的橘子是用群青、湖蓝、中黄、淡黄等颜色调和的。以上步骤使用的是18号圆头画笔。

图2-1（3） 步骤三

将画面中所有水果的颜色初步铺满并着手画背景和桌面。首先将后面盘子里的几个水果大略地铺上颜色，最暗的那只李子是用普蓝、深红和少量的湖蓝调和的。为了避免颜色过于偏紫，可以加进少许的深绿色。橘子的色彩纯度比较高，只使用了朱红、中黄和淡黄，而且用色比较薄。背景的色彩纯度很低，与盘中水果的纯色形成对比，这是一种非常值得运用的纯度对比关系，切不可忽略。在画背景颜色之前，先用毛笔蘸清水涂在背景部分的白纸上，然后用大号圆头画笔趁湿开始在背景上涂颜色。用群青、大红、中黄、熟赭等颜色以适当的比例调和出所需的色彩，注意不要涂得太均匀。下一步是用群青加朱红和淡黄，以群青为主，形成较冷的色调来画桌面的颜色。用水要多，这样色彩会比较亮，笔触应该灵活松动，以表现舒展却不呆板的白色桌布。最后，在水果的下方画上阴影，阴影部分的色彩是由普蓝、群青、深红和中黄调和的，先画冷色，趁湿加入暖色。截止到这里，可以说完成了这幅水彩画的第一个阶段。其标志是，整个画面初步铺满了颜色，各部分的色彩关系已经基本确立了。

当画面中各部分的色彩关系基本确立后，开始进一步地深入刻画物体的色彩层次和结构关系。在这里，从画面最前方的苹果开始，将所有的水果普遍地深入塑造。这时，要尽量保持一些清新果断的笔触，不要在画面上反复涂抹颜色，避免使画面感觉厚重拖沓，而水彩画最大的艺术特点是清新、明快。

图2-1（4） 步骤四

图2-1（5） 步骤五

现在可以进入最后的调整阶段。用较暗的色彩进一步塑造各个形体，在前面的苹果上加入了更暗的色彩，还使用了普蓝、群青加上紫红、深红等颜色，加强了明暗交界线的部分。后面的水果都适当地增加了色彩的层次，而且基本上还是用以前使用过的颜色。当你在原有的色彩基础上涂上新的色层时，颜色自然就加深了，不必使用过多的色彩变化。最后，在背景和桌面上涂一些比基础色稍重的颜色让背景丰富起来，要注意笔触的方向和形状应尽量能够表现出衬布和其他环境物体的结构特征。

2.2 有葡萄的静物

葡萄是一种比较难画的形态，其难点在于：一串葡萄是由诸多的颗粒构成的一个结构整体，初学者很容易将观察和描绘的重点集中在每一粒葡萄上，从而忽略了对整体结构的把握，故而画面效果就显得平板僵硬或是散乱无序。要处理好细节与整体的关系，就要从整体结构入手，先画出整体结构的色彩关系，然后根据需要有选择地逐步深入到局部细节。

图2-2（1） 步骤一

当铅笔稿画好后，先用刷子或大号画笔蘸清水将画面中除水果之外的地方全部涂湿，紧接着将背景和桌面部分涂上一层较淡的颜色。背景部分使用的颜色是以群青为主加少量的熟赭，桌面部分是一块白色的衬布，因此只是在阴影部分淡淡地涂了一些湖蓝，加少许群青，此时应多用水，不必担心局部轮廓被色彩冲破或浸染。

图2-2（2） 步骤二

开始在水果上面着色，这一步特别要注意葡萄的画法。根据葡萄的实际色调将其整体铺满颜色，虽说是整体敷色，但是一定要根据实物施以色彩变化。此步骤非常重要，这幅画最终成功与否与此步骤有很大的关系。在画面前方的葡萄上，主要使用了普蓝、群青、湖蓝、朱红和熟赭。在盘中的那串绿色的葡萄上使用了中黄、浅绿和群青等颜色。盘中的深色葡萄则使用了普蓝、深红和少许的翠绿。后面的两个橙子是用深黄、中黄和朱红等颜色调和的。在这一步骤中用色的过程都加了较多的水，以使色彩感觉很透明，并且为进一步地刻画留有充分的余地。

图2-2（3） 步骤三

进一步描绘葡萄的整体形态，同时注意刻画几个主要的颗粒，万万不可逐一地将每粒葡萄都画得一样详细，一定要分出主次，只有这样，才能保证整体感觉的真实。注意，处于画面前方的物体总要比后面的物体清晰而具体。使用前面画葡萄时采用的几个主要颜色，重点画整串葡萄的暗面和个别颗粒上的明暗交界线。用大号画笔以较大的笔触涂背景和桌面颜色，画背景时用笔切不可过于拘泥。

图2-2（4） 步骤四

一幅水彩画的完成要遵循由整体到局部的基本画法，但是过程不宜太繁琐，画面中每一个主要部分大致画三四遍就要结束，而且最好在前一遍颜色未完全干透时继续画。尤其要注意的是：画暗色调时不宜多次重复，保持暗色调的透明度是绝对必要的。描绘葡萄和水果上的枝叶时，用笔要果断，不可拖泥带水。应向中国画中的用笔方法学习，干湿浓淡尽在寥寥数笔之中。叶子上使用的颜色主要是普蓝、群青、土黄和深绿等。

图2-2（5） 步骤五

细节永远要留到最后再处理。用准确的笔触描绘出前面那串葡萄上几处形状的细节，最前面的几粒葡萄先用普蓝、深红等颜色画出其暗色的部分，然后趁湿在临近绿色葡萄的一侧加上些许绿色，使其有一种明显的环境色效果。用中黄、深黄、群青等颜色将盘中那串绿色葡萄的暗面加深一层，注意，这里不用刻画得过于细致，要让它与前面的物体保持一种空间感，就应当在细节的深入程度上简略一些，用最暗的色彩简单地勾画一下紫色葡萄下的阴影。最后，将画面中所有需要调整和加工的地方经过慎重的审视后，进行一些必要的处理。

2.3 陶罐

陶罐是静物画中最常见的题材了。陶罐的形状各异，但是大凡罐子其几何基础多为球形或圆柱形。当表现这类物体时需要特别注意它们饱满的外形，以及材料的质感。尤其要处理好罐子的边缘部分，边缘不能过于呆板，呆板则显得单薄没有体积感；也不可过于松散，松散的边缘缺乏造型的完整感。在表现体积时要合理地运用笔触，最好沿着罐子造型曲面的方向去画。

图2-3（1） 步骤一

铅笔稿画好后，先从颜色最浅的水果画起，待画后面的罐子时用暗颜色沿水果边缘衬托出水果的亮色。水果的颜色比较纯，用深黄、橙色和少量湖蓝调和。青绿色的苹果用湖蓝、群青和中黄调和，可以用画水果的颜色将水果下方的阴影略涂上一层。

图2-3（2） 步骤二

用20号圆头画笔在陶罐上大面积着色，用湖蓝、群青加少量深红画陶罐左侧的受光部分。然后在原有的颜色里加中黄、深绿画较暖且偏绿的中间部分，加普蓝、群青、深绿和少量深红色并且多加水以较薄的色彩画陶罐右侧的背光部分。最后用较浓的普蓝、深绿和少量的深红画陶罐的下半部分。注意，以上所有步骤要在色彩未干时湿接，一气呵成，不要反复涂抹。陶罐的边缘部分要视其素描关系处理好虚实的变化，在右侧接近白色陶罐的部分要有明确的反光。

用群青、深红加少量中黄调和，画背景部分，要多加水薄涂。紧接着以深红、大红等颜色为主加上群青、湖蓝调和画桌布，在桌布比较冷的受光部分多加一些群青。用水要多，颜色要薄。将一些桌布上的红色浸染在白色的陶罐上。

图2-3（3） 步骤三

图2-3（4） 步骤四

继续塑造陶罐，如果按步骤算，现在是第三遍画陶罐，而且就陶罐的整体涂色来说也是最后一遍，因为水彩画如果大面积涂色的遍数过多会导致画面过于厚重而失去透明清丽的效果。画陶罐时所用颜色基本上还是前两步所用色彩，只不过强化了色彩的厚重感，从而加强了罐子的结构感和实体感。

进入最后的整体调整阶段。用小面积的色彩深入塑造罐子的局部结构，如罐口、罐耳及局部反光等。深入描绘水果、白色陶罐以及背景和桌布。要注意，在画白色陶罐上的图案时应画得比较含蓄，如果画得过于清晰，就会显得突兀且造成空间上的无序。另外，无论是画陶罐还是画水果切不可追求表面上过于均匀平滑，相反，应有意保留一些笔触或绘制过程中因水的流动所形成的痕迹，这样才不致呆板，才能更充分地体现水彩画的艺术特征。

图2-3（5） 步骤五

2.4 有黑色陶罐的静物

在水彩画的表现中，黑色是一个比较难处理的色彩。一个固有色为黑色的物体，在特定的光线环境中时，由于受到光源色和环境色的影响，其表面会呈现出丰富而微妙的色彩变化。虽然其表面以很暗的颜色为主，但是在水彩画的表现中基本上是不使用纯黑色颜料的。一般来说，当需要暗颜色时，可以用较暗的红、绿、蓝或深褐色等颜料调和。

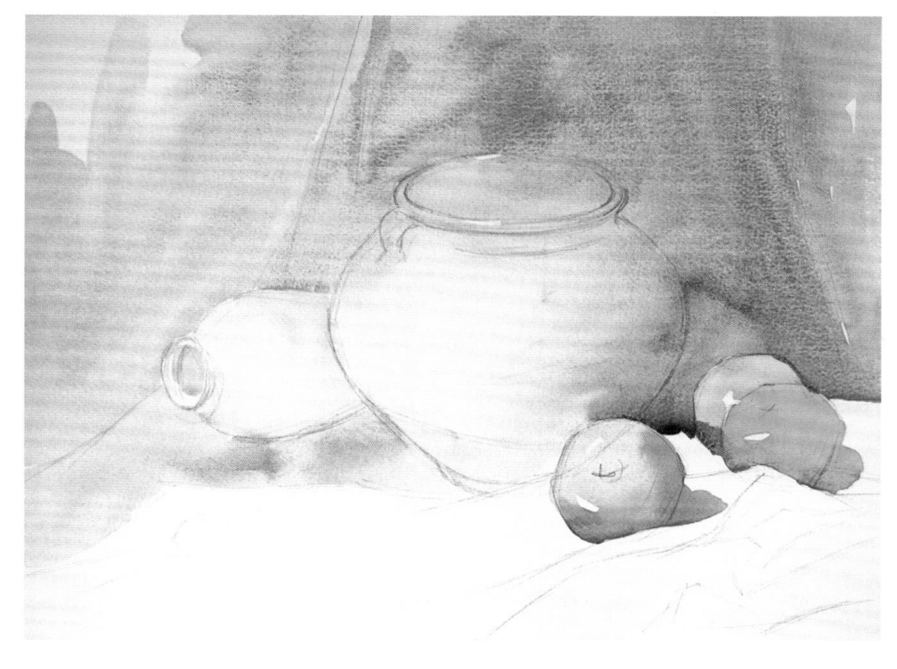

图2-4（1） 步骤一

先画水果、衬布等色彩比较亮的物体。前面绿色苹果的受光面使用了湖蓝加中黄，暗面使用了普蓝和中黄。后面那个橙色的橘子，受光面使用了较纯的橙色和中黄，背光面则在橙色中加了少许蓝色以降低它的纯度。画衬布之前，先用大号画笔将纸涂湿并趁湿涂上颜色。

这一步骤的描绘重点就是画中的黑色陶罐。在水彩画中，大面积的暗颜色切忌重复描绘，颜色暗用色就应比较浓，而浓重的颜色重复多遍会使画面显得凝滞呆板，所以画暗颜色时务求肯定、准确。重复描绘不得超过三遍，如果颜色使用得很浓最好是一遍到位。这组静物的环境光比较冷，原本是黑色的罐子整体看上去有些偏蓝。本图中陶罐的受光面使用了群青、钴蓝和深红。由于此处比较亮，所以用色较薄。罐口内使用了普蓝、深绿和熟褐，罐子主体部分的暗颜色是用靛蓝、深绿和深红调和的，用色很浓，因为这里是罐体上最暗的部分了。

图2-4（2） 步骤二

图2-4（3） 步骤三

现在该离开主题画一画背景了。在画面的左上方使用了群青、熟赭、土黄等颜色。在蓝色调的衬布中调和了湖蓝、钴蓝、群青和少许深红色。注意，在画桌面上的蓝色衬布时，要连同白色陶罐的背光面一起画，因为在倒放着的白色陶罐上反射出十分明显的蓝色。用淡淡的群青加上少许的熟赭和土黄画出最前方的白色衬布，此处调色时要多加水，颜色纯度要低，明度要亮。

图2-4（4） 步骤四

图2-4（5） 步骤五

调整黑色陶罐的颜色，只需在罐子的局部加强一些结构的细节和局部的反光效果，切不可大面积地重复涂色。这时，陶罐部分就基本完成了，接下来可以用肯定的笔触塑造一下水果的色彩和结构。

在这一步骤中要进行画面的整体调整，先将画面上最后留下的白色陶罐画完，由于前面在画衬布时已经把白色陶罐的背光部分捎带着画上了蓝色，所以这时不用花过多工夫就可以轻易地把它画完。然后审视整个画面，看一看哪里需要进行最后的调整和完善。水彩画的画法过程始终遵循着一个原则，即由整体到局部。

2.5 有白色陶罐的静物

选择一组白色的物体进行色彩练习是很有益的。首先要了解一点，当我们从环境色的原理出发去观察自然的色彩时，纯粹的白色是很难被定义的。从固有色的角度来说，白色的种类也很多，有些白色偏暖，有些白色偏冷。在不同的光环境下，白色还会呈现不同的色调，当白色本身受到不同环境物体色彩影响时也会产生明显的色彩变化。

图2-5（1） 步骤一

先画处于背景位置上的石膏花，由于这组静物中有一块纯度较高的蓝色衬布，所以在石膏花的背光部分受到衬布的影响呈现出明显的冷色调。画颜色之前先在石膏花上涂一些清水把纸面弄湿，以避免上颜色时轮廓和结构过于清晰而导致空间上不能向后推远。用群青、熟赭、土黄等颜色沿结构的明暗交界线部分将暗面整体涂一遍颜色。虽然是大面积的涂色，但一定要注意色彩的随时变化，用水要多，保持颜色的高度透明性。

前面右侧的陶罐与石膏花相比是一个色彩较暖的白色陶罐，因此在这里使用了一些暖色，如土黄、深红、熟赭等，色彩一定要用得很薄，以保持很高的明亮度。为了与衬布的蓝色呼应，陶罐中也加进了一些群青、湖蓝等色彩。画面左侧小罐的颜色和石膏花相比用的是偏暖的白色。

图2-5（2） 步骤二

图2-5（3） 步骤三

现在开始处理背景和衬布的颜色。画面右上方的色彩比较灰而且边缘很含蓄，这样有利于将空间推远。画面上的蓝色衬布使用了较纯的群青和湖蓝，在较暗的地方加上了少量的深红，用水很多。

进一步描绘陶罐和衬布。在陶罐上加强了色彩的层次，主要使用了群青、深红、熟赭和湖蓝等颜色。蓝色衬布上使用了调色盒里原有的画衬布的蓝颜色。

虽然这是一幅表现白色物体的水彩画，但可以看出画面上真正留有白色的地方并不是很多，画面中的大部分还是被各种复杂的色彩所覆盖。这里有两个问题需要注意：① 不要因为对象是白色物体就不敢使用丰富的色彩；② 调和颜色时一定要有比较明确的色彩倾向，或红或蓝或黄等，缺少调色经验的人往往容易将诸多颜色调和在一起，结果出现一种缺乏色彩倾向的灰黑色。上述弊端在画白色的物体时极易出现，应特别注意。

图2-5（4） 步骤四

图2-5（5） 步骤五

2.6 有图案的陶罐

当陶罐的表面有图案或装饰纹样时，需要特别谨慎，不要因表现装饰而破坏了器物的体积感。要让图案恰当地与器物的体积结合在一起，处理不当就会造成装饰纹样生硬呆板。这种情况一般来说应该首先将器物的体积关系塑造好，然后再在器物的表面描绘装饰图案，此时要注意，图案或纹饰的虚实与色彩关系取决于器物表面的明暗与色彩变化。

图2-6（1） 步骤一

如果器物表面的图案比较复杂，在画铅笔稿的时候就应仔细地画出图案的轮廓。由于装饰图案是涂绘于器物表面的，所以图案的轮廓要符合器物的曲面透视变化。

图2-6（2） 步骤二

稿子画好后就可以根据构图需要有步骤地涂颜色。在这幅画中，左上方背景处使用了群青、熟赭、土黄等颜色。用较冷的颜色画陶罐的受光部分，用熟赭、土黄、大红加少许蓝色画陶罐背光部分的暖颜色，暗红色的衬布是用深红加凡戴克棕以及少量群青画成的。

在画陶罐表面的图案时应注意纹样的虚实与色彩变化，在明暗交界线附近的纹样比较清晰，而接近陶罐边缘部分的纹样轮廓应画得含蓄一些。要根据陶罐整体的色彩关系调整纹样的色彩变化，使其与陶罐的色调变化相一致。

一般来说，器物表面的装饰纹样是待陶罐的体积塑造完成之后最后画上去的，这一步很关键。图案画好了，陶罐就基本上画完了。接下来可以将桌面上的衬布以及水果、玉米等物体涂上一层基础颜色。

图2-6（3） 步骤三

图2-6（4） 步骤四

画桌面上的白色衬布时，可以用群青加深红，用调和成的紫色调沿布褶的背光面果断地涂第一遍颜色，紧接着用其补色，可以用土黄加朱红获得橙色，并立即加进紫色的阴影中。这两种冷暖不同的颜色在画面上自然地流动融合，从而出现生动的色彩变化。

图2-6（5） 步骤五

调整画面的色彩关系并将最后的局部内容和细节完成。这里要讲一讲画玉米的过程，先用淡淡的中黄色画玉米的受光面，然后用土黄、中黄、朱红加少许绿色画其背光面，稍带着把阴影也涂上。待色彩未完全干时用赭石加橙色画较暗的线和玉米粒等细节。在未干的暖色阴影里加上群青、翠绿、紫红等冷色。

2.7 玻璃器皿

玻璃是一种既透明又反光的材料，表现起来具有一定的难度。由于它的透明性强，所以处于玻璃背后物体的颜色同样会在玻璃器皿中反映出来。而由于它的表面具有强烈的反射性能，于是在其表面又会出现各种环境物体的颜色和不规则的高光。

画好铅笔稿后，考虑到背景衬布的颜色比较灰暗，因此先将色彩较亮的水果薄涂上一层基础颜色。先画水果的目的是为下一步用暗色的背景衬托水果做好准备。同一个水果，当它的某一部分处于表面而某些部分被玻璃遮挡时，处于表面部分的色彩纯度较强，而在玻璃后面部分的色彩纯度较低。需要强调的是，由于这组静物的光源环境色彩偏冷，所以在水果的受光部分使用了湖蓝、群青等冷色，而且用色很薄。

图2-7（1） 步骤一

图2-7（2） 步骤二

先用板刷蘸上清水涂在除水果和玻璃盘以外的所有地方，然后用大号画笔在背景和桌面部分开始大面积着色。此时应注意，笔上的含水量要大，除关键的一些边缘部位外，其余的地方不必过分担心轮廓因色彩的流动而变得模糊。背景部分使用了群青、钴蓝和熟赭，从左上角向右涂色，越来越暗。玻璃盘右下侧的阴影是最暗的部分。在这一步骤中需要将背景的色彩适当地用在玻璃器皿中，以显示其透明性。

在这一步骤里，首先将水果的色彩深入描绘一遍，在橙子的暗部加上了深黄和朱红，在苹果的暗部加上了深红和钴蓝等颜色。用中黄、熟赭、普蓝等颜色简单地画一下盘中的绿叶。在深入描绘的过程中要十分重视玻璃后面透出的色彩。表现玻璃时，特别要注意适当地留白，以强化明暗对比效果，这是表现玻璃材质特征的关键所在。留出的白色就是高光，如不留白，则画面灰暗不像玻璃，但如白色留得过多，则也不像高光而更像白色物体了。

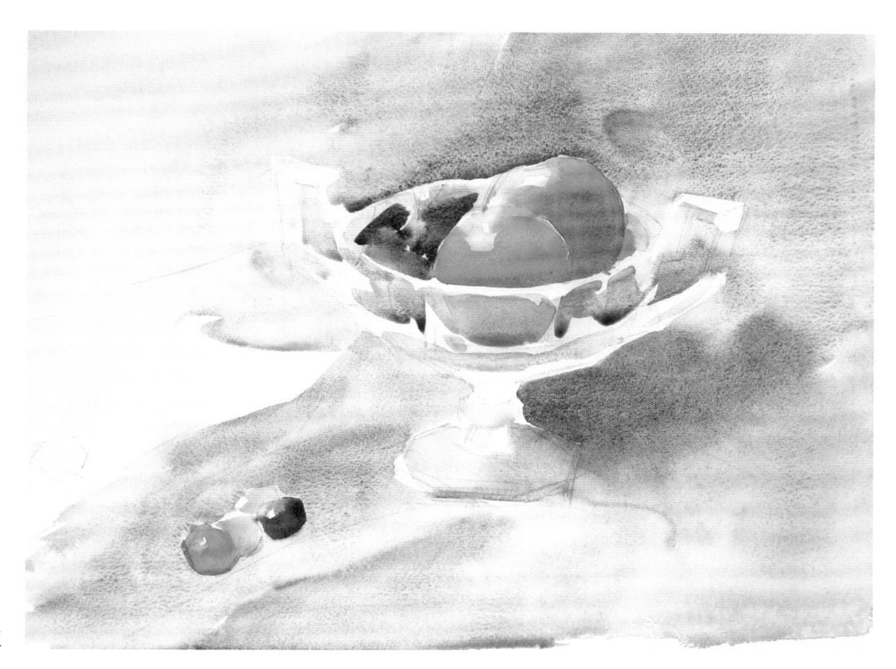

图2-7（3） 步骤三

图2-7（4） 步骤四

对背景的色彩进行全面的调整，通过这一遍调整，背景的颜色就基本上固定下来了，尤其是较暗的颜色，画第二遍就应到位，如果再画第三遍恐怕就会因为颜色过于厚重而使画面失去光泽了。

画到最后阶段，基本上就是对局部细节的调整和刻画。在这里主要是在玻璃器皿的局部加上了一些较暗的色彩，最后用颜色加强了处于画面前方的几粒水果的结构。

图2-7（5） 步骤五

2.8 衬布

画静物的时候经常会使用各色衬布与物体搭配，但是作为衬布的织物，其结构变化是比较难描绘的。很多初学者面对织物表面复杂的褶皱一筹莫展，所以这里特将衬布的表现技巧、画法步骤以及描绘过程中需要注意的问题加以介绍。

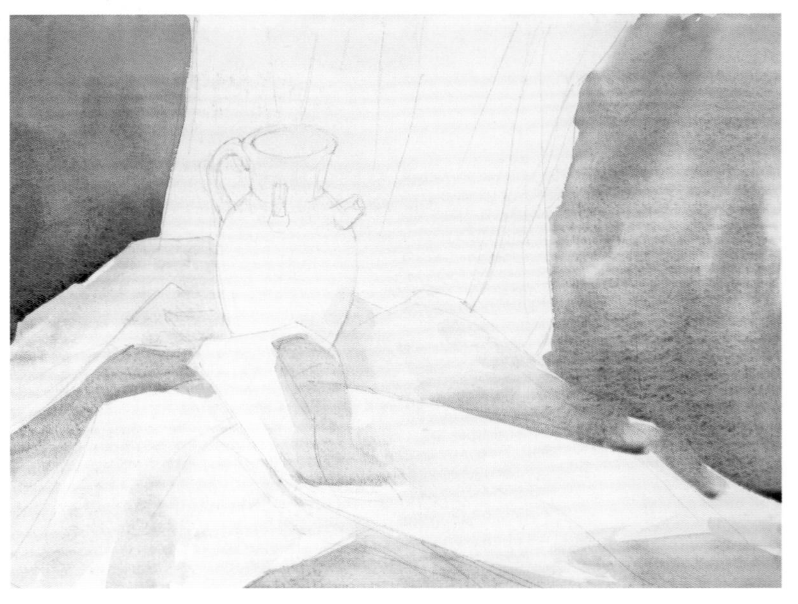

图2-8（1） 步骤一

在图2-8（1）的构图中，前面是一块浅色的衬布，而背景是一块较暗的红色衬布，一般来说应该从较浅的色调画起。要仔细观察和分析衬布的整体关系，包括整体的明暗变化和色彩变化。最易犯的错误之一就是被复杂的褶皱所干扰，只顾表现局部结构的变化，而忽略了衬布前后左右的整体变化关系，其结果是画面琐碎凌乱，缺乏整体性。仔细观察这幅画，桌面上的衬布虽然从整体看来是比较亮的，但最亮的部分在前面，随着空间向后推移，其色调微微变暗。不管表面褶皱多么复杂，这种整体变化一定要保持。作画时先用大号画笔使用含水量较多的色彩进行大面积涂染，不要拘泥于任何结构细节，只需将主要的结构关系确定下来。要记住在整个过程中应趁画面湿润时着色。

图2-8（2） 步骤二

一定要在前面所涂色彩未干的情况下开始在衬布上画第二遍颜色，着重表现皱褶的暗面。在画面较湿的情况下画第二遍，是为了保证笔触边缘的含蓄，如果笔触过于清晰明确，会造成呆板生硬的效果，就无法体现织物柔和的质感和微妙的变化。在色彩应用上应考虑明暗关系中补色的效果，在这幅画中衬布的受光部分色彩基本是偏冷的，因此在其背光部分应考虑使用一些偏暖的颜色。

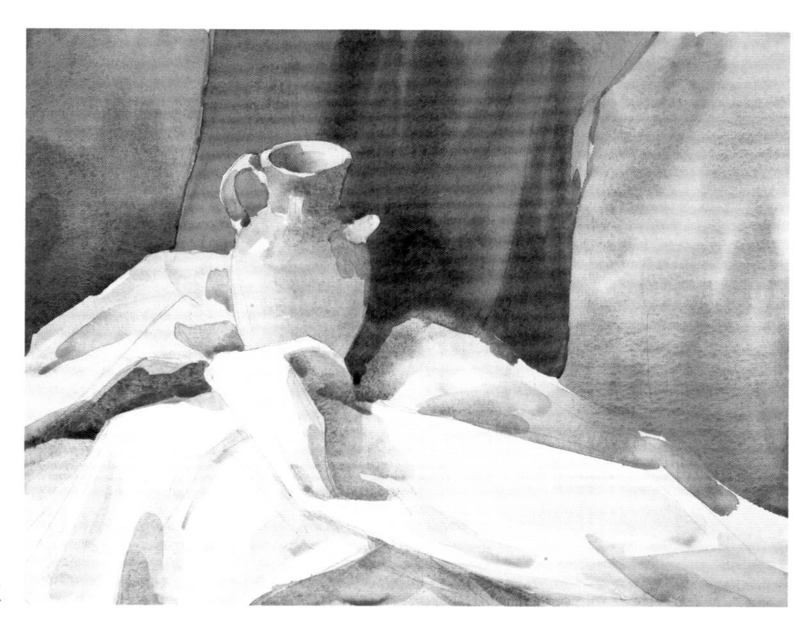

图2-8（3） 步骤三

现在可以画背景的红色衬布了。虽然红色是一种比较暗的颜色，但也不应将颜色涂得过厚，首先用大号画笔以含水较多的色彩涂满整个衬布，在此过程中色彩要适当的变化，画中红色衬布的用色左侧偏冷，右侧稍稍偏暖。左侧使用了深红加少许群青，而右侧使用了少量的大红，以使其与左侧的红相比略微偏暖。在第一遍颜色未干时，及时用较深的红色大略地画出褶皱。记住，一定要在第一步颜色未干时画，这点很重要，它几乎可以决定整个衬布效果的成败。

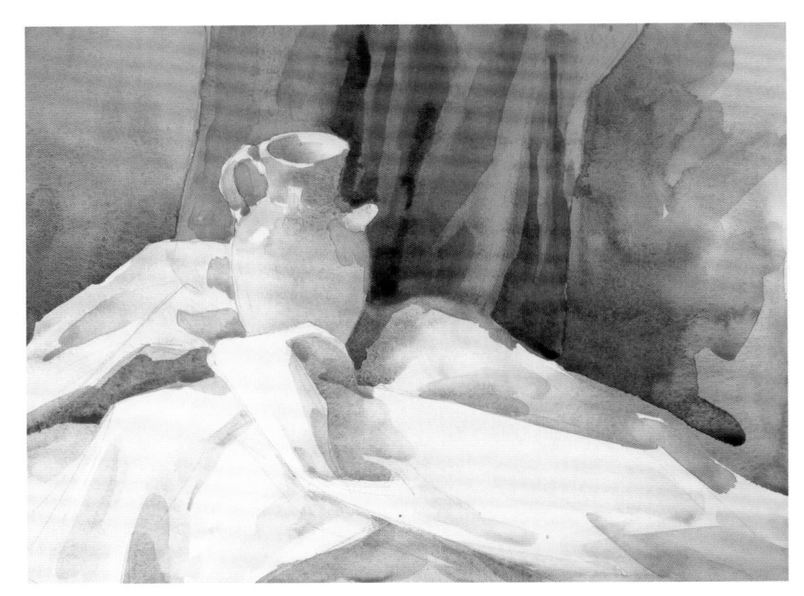

图2-8（4） 步骤四

图2-8（5） 步骤五

在上一步颜色未完全干时进一步刻画布褶，用更深一点的红色画最后一遍。这里最深的红色是用深红加少量熟褐或凡戴克棕调和的。一般来说，布褶凹陷下去的部分总是比较暗的，最暗的部分面积较小，要最后画。如果仔细观察，就会发现形成褶皱的色块边缘变化很微妙，最重要的是观察边缘的虚实变化。在明确的地方可以保留清晰的边缘，在比较含蓄的地方最好用蘸了清水的笔在刚刚画过的笔触边缘轻扫一下，使其变得含蓄，这样可以加强褶皱的体积感，也更接近织物的质感。

在最后的步骤里要对画面进行整体调整。有一点需要提醒读者，任何时候都不要试图将所观察到的褶皱都精心的画出，而是应当突出地描绘几个或几组主要的布褶就可以了。在对衬布进行必要的局部补充后，即可将构图中所包含的背景部分和处于构图中心的小陶罐画完。画面左上角部分使用了群青、深绿和熟赭，右侧背景最暗的部分使用了靛蓝、深绿、深红等颜色。

2.9　有图案的衬布

前面讲述了衬布的画法，而当织物表面带有图案时就进一步加大了表现的难度，但是无论客观对象如何变化，最重要的一点是，永远要整体观察，整体表现。

图2-9（1） 步骤一

这里是一块带有蓝色印花的衬布，在着手画带有图案和装饰纹样的织物时，首先要排除表面纹样的干扰，仔细分析衬布的基本结构变化。在清楚地了解了衬布的基本结构后，用适当的颜色画出布褶的变化，切不可急于描绘织物表面的图案。画颜色时要注意色彩变化，不能过于单调。在第一个步骤中所有的色彩变化都要采用湿接的方法来画。

当衬布的基本结构画好后，开始画织物表面的图案。画表面的装饰纹样时需要注意以下两点：第一，从空间位置上看，处于构图前方的纹样应清晰明确，相对后面的纹样色彩纯度要高；反之，处于空间位置靠后部分的图案或纹饰要含蓄，色彩相对前面纯度要低。第二，处于衬布受光部分和明暗交界线周围的纹饰应清晰明确，处于结构的背光部分或是在阴影里面的纹饰一定要含蓄。注意上述要点才能使衬布具有完整性以及合乎视觉空间逻辑的色彩效果。到此，可以说这块印花布就基本画完了，任何过多的涂染都可能导致画面的混乱或凝滞。

图2-9（2） 步骤二

图2-9（3） 步骤三

画背景的红色衬布，先要考虑的仍然是它的整体变化，大致是上面较暗而下面稍亮一些。按照这样的考虑作画时首先是整体涂上颜色，接着用更暗些的红色画出主要的褶皱。随后画右侧的背景部分，为了凸显印花布的主题效果，背景应画得含蓄一些。先用清水将画面打湿，紧接着在上面涂以颜色，上方色彩比较浅，而接近印花布的地方色彩比较暗，这样就突出了印花布蓝白相间的清丽效果。

在等待红色衬布第一遍颜色渐干的过程时，可以将陶罐画完。陶罐的背光一侧受到红色衬布的影响出现了很暖的颜色，而受光面的色彩则相对偏冷。

当红色衬布的第一遍基础颜色未完全干时，可以用更深的红色画出布褶中强度很高的明暗变化。这里的暗红色是用深红、凡戴克棕和群青调和的。

图2-9（4） 步骤四

图2-9（5） 步骤五

2.10 花卉

花卉较之具有明确而固定外观的物体来说比较难画一些。一束花的整体外观看上去总是表现出一种疏松的轮廓与不确定的形态，而在其形体内部，花朵和茎叶等形象构成了复杂交错的层次，而且花朵本身的形态也是千变万化、繁简不一。如此特征对于水彩画的表现具有一定的挑战性，既要画出疏松生动的形态特点，又不可使人感觉松散琐碎；既要表现花束形态与层次的完整丰富，又不可让画面感觉凝滞呆板，这就是作画者所面临的挑战。

图2-10（1） 步骤一

在起稿阶段，首先要确定花束整体的外部轮廓，然后将构图中主要花朵的位置、形态以及它们之间的形状大小与比例关系固定下来。花朵的基本形态要把握好，但没有必要画得太细致，如果把花朵和茎叶的结构画得过于详细，反而会弱化了色彩的表现力。

图2-10（2） 步骤二

用板刷或大号画笔蘸清水先将起好稿后的画纸全部刷湿，待清水稍稍渗入画纸后，再使用大号画笔将画面中的色彩按其整体的基本分布涂上画面。这时不要过分顾忌局部轮廓被色彩的晕染所淡化，在此阶段这种色彩的交融是完全必要的，这种效果是后续步骤的前提和基础。

图2-10（3） 步骤三

待纸面稍干后，根据构图中花朵或枝叶的色彩开始画第二遍颜色。这一步所使用的颜色肯定比第一步骤的色彩要暗，在使用这种较暗的颜色表现花卉或枝叶的同时，还需准确地留出亮颜色花卉的形状。这里要特别强调的是绿色的应用。一般来说，调色盒里提供的绿色不能简单地直接用来画叶子，绿色是各种色相中变化最丰富的一种色彩，如果单纯使用某种现成的绿色颜料，就不能真实生动地表现植物中自然而丰富的色彩变化。图中的绿色是用深绿、群青、中黄和熟褐等颜料调和的。

图2-10（4） 步骤四

用更暗一些的颜色画叶子，目的是加强层次的丰富性，要特别注意灵活地运用笔触，笔触间要留有适当的空隙，以保持层次的通透。从整个过程来看，这是对深绿色的第三次描绘与调整，基本上也是最后的刻画。如果在其暗色区域内继续施以颜色，就可能因为颜料过厚造成画面呆板和凝滞。

图2-10（5） 步骤五

在深入描绘构图中主要的花朵时，应仔细观察它们的结构和形态特征。在处理花卉的外轮廓时要强调边缘的虚实变化，切不可使边缘部分整齐划一、生硬呆板。为了表现花束的空间感和体积效果，处于整体外轮廓部位的形象要含蓄，不能过于清晰，其目的是强调空间的真实感与强化构图中的主体部分。

3 风景画与建筑画练习

自然风光是水彩画中重要的表现题材，也是最能够体现水彩画材料特性的一种题材。大自然中的水光山色、花草林木，以其丰富多姿和无穷的色彩变幻吸引着众多水彩画爱好者。建筑则以其多样化的形象风格、严谨的造型结构，加上深厚的历史与人文精神的体现，使人产生不同的审美享受。因此，自然风光也是水彩画家们所钟情的题材。本节将主要介绍常见景物以及建筑在水彩画中的表现技法。

无论是画风景还是画建筑，就水彩技法而言，并不存在绝对正确或错误的方法，每个人都可以在绘画实践中总结出适合自己兴趣爱好与风格的技法。但是对于初学者来说，研究和模仿某种技巧是入门阶段的必要过程。当掌握了一些基本的色彩原理和水彩画技法之后，就可以在大量实践的基础上总结提高、积累完善或发明实用的新技法。

3.1 树木

虽然我们在感性认识上对树木是非常熟悉的，可是一旦拿起画笔要表现它们时，可能会感到一时无从下手。树木的形态和色彩非常丰富，有的纤细青嫩，有的苍劲浑厚。在特定的光线条件下，有的树叶明亮闪烁，有的则灰暗含蓄。就色彩特征来看，绿色本身就是一种变化极其丰富的色相，偏暖它可以倾向于黄色，偏冷它可以近乎于蓝色。况且，不同的季节和不同种类的树木，它们的颜色千变万化、充满着无限的色彩魅力。

在水彩画中，树木是比较难以描绘的。之所以难画，是因为其叶簇没有清晰易辨的轮廓和明确的结构，而且在表现树叶的整体色彩结构时，还必须刻画出树叶那疏离蓬松的肌理特质。这就是画树木时最大的难点所在。

例1

图3-1（1） 步骤一

首先确定构图，用简单概括的线条画出树木的大体轮廓。开始着色时，原则上应按照先浅后深的顺序来画，先用淡淡的土黄色将天空整体薄涂一层，待其仍保持湿润时加上几笔群青色。画远景的树木时，色彩要相对冷一些，而且不宜过纯，轮廓应比较含蓄。

图3-1（2） 步骤二

调和群青、湖蓝、中黄等色彩画前景的树叶。用大号画笔画中间部分，一定要注意色彩的变化，决不要让色彩过于单调呆板。有些地方色彩偏黄，调和色彩时应少加蓝色。有些地方色彩偏冷，就应少掺入一点黄色，甚至可以在蓝色里加入少量红色，使色调稍微偏紫。调色时不用把色彩在调色盒里调得太均匀，而应让它们通过水的流动在画面上融和变化。要用小号画笔点染轮廓边缘部分，其所形成的点状色斑更能体现树叶的真实感。

图3-1（3） 步骤三

用群青加熟褐或熟赭等暖色画树干时用笔要果断，不要反复涂抹。如果仔细观察你会发现，树干从上到下的色彩是有变化的。通常接近地面部分树干会偏暖一些，这是由于地面反光造成的。画主干时不必精确入微，但一定要把握它的生长姿态。用小号画笔画那些细小的枝椏，同样无需绝对的准确，但应力求表现出植物内在的生命感。最后需要对树叶部分添加一些笔触，以丰富其层次感和质感。

图3-1（4） 步骤四

主要的树木画完后，就开始画环境部分。还是要依照先画整体色调关系、再作细部处理的原则。首先将水面和小路大体上铺满基础色调，远景的树木需要刻画一些简单的结构和层次，但不应过分强调，目的是保持空间上的距离感。水面部分使用了群青、深红，小路上的色彩是由土黄、熟赭加少许钴蓝调和而成的。

图3-1（5） 步骤五

在近景的水面中画出树木的倒影，倒影的色彩应比真正的树木颜色灰一些，最好使用横向的笔触，在笔触间应留有空隙。路面上的树影是用群青加大红画上去的，在其未干时应及时掺入少量的中黄，以避免色彩过于偏紫。最后处理画面中的细节，如岸边的木桩、石块以及小草和灌木。

例2

图3-2（1） 步骤一

这是一丛生长在楼宇前的棕榈树，它的外貌特征非常明显。类似形态的植物还有许多，因此有必要熟悉和掌握一下棕榈树的画法。首先以大面积的色彩来确定它的整体色调和结构，较亮的颜色是由中黄加浅绿或湖蓝调和的，一定要多加水。中等明度的绿色是由群青、普蓝、中黄和少量赭石色调和的，较暗的颜色由深绿、普蓝加熟褐或凡戴克棕调和。所有色彩都要趁着湿润时连续画，尤其要注意暗颜色，最好一次基本到位，因为暗颜色是绝对不可以反复画的。

其次，用小号圆头画笔以果断的笔触画出针状的叶子，要注意色彩的变化，同时还要准确地把握笔触的方向和长短，否则就不能合理地表现这种植物的结构特征。在深入刻画时一定要兼顾色彩的层次关

图3-2（2） 步骤二

图3-2（3） 步骤三

系，一般来说，前面（画面空间中处于较近位置上的物体）色彩纯度高且明暗对比强烈。后面（画面空间中处于较远位置上的物体）的色彩纯度低且明暗对比弱。

运用同样的方法深入刻画棕榈树的叶子，此时一定要关注到画面的主次关系，主体部分要画得深入、明确，而非主体部分应简约、概括。在这幅画中，植物的中间偏左部分画得非常清晰且层次丰富，画面右侧的植物则画得轻松含蓄，这样整体效果上更为明确和统一。

图3-2（4） 步骤四

图3-2（5） 步骤五

在深入描绘的过程中色彩最暗的部分不可多次重复，如果需要在暗色块中深入地描绘，也只能是局部小面积地画一些更暗的颜色，绝不可以大面积覆盖。主要的形象画完后，即可将背景建筑和画面前方的草地进一步加以完善。

背景建筑使用朱红、深红、土黄和少量群青调和画出基础色调。待颜色表面未完全干燥时，在墙面的局部画一些砖块，最后用小号画笔稍稍画一些地面上的小草。整幅作品步骤明确、一气呵成，这样才能充分显示水彩画的艺术特点。

例3

这是一个晴朗的秋季风景，蓝色的天空及略呈紫色的山丘都与黄色的秋叶形成了鲜明的色彩对比。作画时首先用大号画笔蘸含水量较多的色彩将画面中各主要部分的基础色调普遍渲染一遍，在此过程中不必顾忌局部色彩因晕染而冲破预先确定的轮廓。比如蓝色的天空中局部渗入了黄色，不但不会破坏画面的色彩效果，相反还可以使整体色彩关系活跃起来，避免形象与颜色过于呆板。

图3-3（1） 步骤一

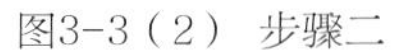

图3-3（2） 步骤二

天空的颜色是由群青、湖蓝以及少量的深红根据需要以不同比例调和的。偏紫色的山丘主要用深红和群青调和，并加入了少量的熟赭。最重要的是树叶的颜色，不要认为秋叶是黄色调就一味使用黄色，因为其中也包含了大量的绿色、褐色甚至是红色。在这一步骤中，较明亮的树叶颜色用淡黄、浅绿等色彩调和，中等明度的颜色是用中黄、土黄、钴蓝等色彩调和，较暗的色彩主要以翠绿、赭石或熟褐调和。

画树叶时应合理地运用笔触，最重要的是点、面结合，“点”不可分布得太平均，要小心留出树干上受光面的白色。用翠绿、土黄加褐色，画出树干的暗面和枝桠。画面左下侧的背景色彩很暗，用比较暗的色彩衬托出前面的亮树叶是一种常用的方法，尤其在背景很暗的情况下表现逆光条件下的树叶，使用这种方法的效果很好，但是画亮色的树叶所用色彩一定要很薄，在水彩画中即使是最浅的黄色如果画得太厚了也不会显明亮。

图3-3（3） 步骤三

图3-3（4） 步骤四

在这幅画中最难处理的部分大概就是树叶了，一是色彩从整体看比较统一，但实际画时颜色却很丰富；二是笔触的运用要很灵活，但又不可没有秩序。为了体现色彩的丰富，调色过程中根据不同区域的色调需要，分别使用了淡黄、中黄、土黄、橘黄、浅绿、翠绿、群青、湖蓝、赭石、熟褐以及少量红色等。当然，每个局部所使用的颜色混合最好不要超过三种。笔触灵活，是指画树叶时有点有面，这幅画里的“点”集中在前面的树上，后面的“点”是为了配合前面以起到均衡的效果。

图3-3（5） 步骤五

在这一步骤中需要对画面进行最后的调整，并且将前景的灌木以及小路上的树影等细节画完。通常，在阳光普照的天气里，影子的颜色多为偏冷的色调，因为影子的颜色受到了蓝色天光的影响。但只是用冷色画影子未免过于单调，如果在第一遍涂上去的冷色未干时及时加入一些暖色效果会更好。

3.2 天空、水面

天空的色彩变幻无穷，时而清澈，时而阴霾，时而碧空如洗，时而红霞似火。如果说天空中可以显示出大自然所有的色彩，那也不为过。水彩画在表现天空时具有得天独厚的优势，因为水彩颜料的透明性和流动性正好适合了天空的明澈和云气的变幻，有时水和色的自然流动与融合所形成的效果甚至超出我们的预想。正是某种偶然的效果使作画过程具有无穷的趣味性和挑战性。

水面折射着来自大自然的一切颜色，其色彩变化取决于环境的色彩。水面的波纹或浪花体现着某种结构或形式的变化，这样的变化也具有一定的规律性。

用水彩表现天空或水面时，尽量做到落笔肯定、一气呵成，绝不可以反复涂抹。应尽量利用或保留色彩流动过程中自然形成的痕迹与变化。当然，要想达到所期待的效果，就需要掌握一些必要的技巧。

例1

图3-4（1） 步骤一

这是一幅表现天空和草原的水彩画，正值刚刚下过一场雨，阴霾的云雾慢慢散去，天空中逐渐透出蓝色，但是没有清晰的云朵，整个天空显得阴湿厚重。一缕阳光穿透云雾照亮了草原远处的地平线。开始作画时，先用大号画笔蘸清水刷满整张画纸，然后用土黄色将画面普遍渲染一遍，接着用淡黄加浅绿色薄涂在远处阳光照亮的地方。趁画面还比较湿润的时候再用群青、湖蓝和少量的红色画天空的色彩。

图3-4（2） 步骤二

在前一步骤的基础上开始大面积渲染天空，因为是阵雨刚过天空中还有许多阴云，画面左侧天空的色彩很灰，但是比较明亮，这时可用群青、朱红和熟赭等颜色调和。画面右侧的天空很蓝，可以群青、湖蓝调和为主，再加进少量的大红。所有色彩尽量一遍画完，并且在整体控制的前提下任色彩自然流动。在这幅画中天空的用色比较浓厚，但很湿润，原因是雨后未晴的天空显得非常沉浑。至此，天空就画完了，这时注意绝不可以反复涂画。接下来用大号画笔以概括流畅的笔触画出地面上的颜色。绿色的草地是由翠绿、钴蓝、普蓝等色彩调和的；路面是用群青加熟褐、熟赭等色彩调和的；车辙中有积水，可以用画天空的色彩淡淡地画上一层。

画面左侧的岩石色彩最暗，因此放到最后再画。这种草原上的岩石本身色彩就很暗，加上雨水就更显得色彩沉重了。岩石的色彩是由普蓝、翠绿、凡戴棕等色彩调和而成。

通过前面几个步骤，画面的基本色彩关系已经确定。现在可以对岩石上的沟缝、道路上的车辙等一些细节部分进行深入的刻画。

图3-4（3） 步骤三

图3-4（4） 步骤四

图3-4（5） 步骤五

在道路上弹洒一些色斑以表现路面上的砂砾，最后用比较暗的色彩细致地描绘车辙、积水等细节。

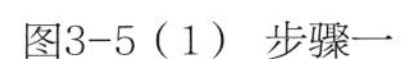
图3-5（1） 步骤一

例2

天空的颜色并不总是湛蓝清澈的，我们经常会看到蓝灰色调的天空泛出些许的暖色。

画此类天空时可以先在天空部分薄薄地涂一层土黄色，颜色一定要很湿很薄。

待上一步骤的颜色将干未干时，用大号画笔快速地薄涂一层群青色。这里有两点要特别注意：一是要把握好涂第二遍颜色的时机，第一遍的土黄色太湿不可，太干也不行。可以逆光看一看，当第一遍颜色仍然湿润，但表面已不再有水的反光时，即可涂蓝色了。二是群青色切不可涂得太均匀，也不要反反复复地涂抹，让黄色与蓝色在湿润的情况下自然融合就会出现生动的色彩变化。接下来可以画出远景上的山丘。

前两个步骤完成后，天空会呈现出一种淡淡的冷色调，在冷色调中隐约渗透着暖色的变化。接下来可以将构图中的其他内容画完，前景上用较干的颜色画出树木，对比之下天空会显得更加含蓄湿润。

图3-5（2） 步骤二

图3-5（3） 步骤三

例3

图3-6（1） 步骤一

由于云朵是不断变化流动的，因此在起稿时不必过于拘泥于它的形状，但一定要在构图时大体确定一下云朵的位置及轮廓。写生过程中，云朵会时聚时散、变化万千，一旦构图确定就不必再追踪它的变化，只按自己起稿时确定的形状处理就可以了。

“白云”只是一种概念的说法，实际上云朵的色彩是非常丰富的，它甚至包含着光谱上所有的颜色。在这幅画中，天空中的云量很大，而且整体看上去是白色的，但其中却包含着显著的冷暖变化。在云朵的上端用群青加熟赭调出偏冷的蓝灰色调；云朵下半部分是用中黄加朱红以及少量的蓝色调和的。当然，适当地留出一些纸张本身的白色是必须的。整体效果是云朵上半部分偏冷，下半部分偏暖。需要注意的是：一定要在准备施色的地方先用清水将纸局部涂湿，并在其未干时开始画颜色。尽量保持颜色自然流动的效果，不要过多地刻意修正形状。

图3-6（2） 步骤二

蓝色的天空是用群青加普兰调和的，在画蓝色之前先用清水把画纸涂湿，调色的时候要多用水。蓝天的明度整体比云朵暗，从而凸显出白云的效果。

图3-6（3） 步骤三

远景的山峦与云朵相接，轮廓线部分清晰、部分含蓄，这样的效果需要在云朵的颜色未完全干时就开始画山峦。已经干燥的地方会留下清晰的色彩笔触，如左侧山峦的轮廓线，而未干的地方就会形成云与山体轮廓线的融合，如画面右侧的山体轮廓，从而产生虚实相间的生动效果。

图3-6（4） 步骤四

远景的山峦在画面中形成一道较暗的色带，最近处则是由黄绿色调构成的极其明亮的色彩。白云是画面的主题，但云朵中却包含着极其丰富且微妙的冷暖色调转换。

图3-6（5） 步骤五

图3-7（1） 步骤一

例4

这幅图主要介绍水面的画法要领。水面具有一种非常灵动的视觉效果，就其色彩和形态而言，虽然看上去千变万化，却也有其规律可寻。平静的水面如同镜子一般可以映射出所有周边物体的形状和色彩，荡漾的波纹泛起粼粼的波光，于是就形成了各种色彩与波光之间的生动变化。这幅画表现的是海港停泊的渔船，水面上倒映出渔船的色彩和明亮的天光。先用很薄的色彩画出水面中天光的颜色，为后续使用暗颜色画倒影作好准备。

这是一个笼罩着薄雾的天空，远景上朦朦胧胧地停靠着几艘大船。先用淡淡的土黄色涂满远景，待其未完全干时，以果断的笔触画出远景船舶的含蓄影像，然后画出前景渔船的基础色调以及码头等景物。

为了使倒影的笔触明确清晰，一定要在前一步骤所画的水面色彩基本干了以后再画水中的倒影。画倒影时力求色彩准确一遍到位，不可轻易涂改或反复描绘。要认真观察倒影中的色彩变化，注意波纹的形状。画波纹时务必要留有明亮的高光，这是表现水面真实效果的关键所在。

在前两个步骤中已经基本画出了水面的效果，待其色彩未完全干时（干湿程度最好以能够留下笔触痕迹为宜）开始进一步描绘波纹。这一步的目的是使水面色彩和波纹的效果更加丰富。至此水面就刻画完成了，无需更多的重复描绘，以保持其清晰透明的效果。

图3-7（2） 步骤二

图3-7（3） 步骤三

深入描绘和调整画面上的景物。远处在薄雾笼罩下，一切景物的轮廓都很含蓄，而且明暗对比很接近，微微呈现出暖色调。一则表现了透过薄雾那朦胧的阳光，二则与画面前景水面的冷色调形成对比，越显得水面清澈明亮。

图3-7（4） 步骤四

图3-7（5） 步骤五

例5

图3-8（1） 步骤一

先用宽板刷蘸清水将画面刷湿，待其未干时开始画构图中所有的基础色调。天空、树木、建筑和水面，此时不必过分顾及铅笔稿中的局部轮廓线被色彩的流动所弱化，但一定要准确地把握整幅画面的色彩布局以及整体的明暗关系。

在前一步骤的色彩还未干时及时画出天空、远景的树木以及暗色调的屋顶。此幅画的着色顺序基本上是由远而近、从上至下完成的。树木的色彩是由群青、中黄和熟赭等色彩调和的，注意树木的空间层次越远越浅、越远越灰。

图3-8（2） 步骤二

现在开始深入刻画建筑立面上的色彩，虽然建筑本身是白色的，但是由于光影效果的出现，墙面上产生了微妙的色彩变化。这些灰色调是由群青、朱红、土黄等色彩调和的。

在画面远处接近岸边的部分，画出水面上环境物体的色彩倒影，如绿色的植物和暖色的堤岸倒映在水中的色彩，而用横向的笔触更利于体现波光粼粼的效果。

图3-8（3） 步骤三

图3-8（4） 步骤四

用准确而果断的笔触画出水面中最重要的色彩，淡淡的蓝色、绿色、紫色以及很暗的屋顶颜色。所有的色彩要用横向笔触来画。为了适当地体现水面的深远效果，可在远处使用小笔触，在近处使用较大的笔触。

图3-8（5） 步骤五

例6

海洋的色彩变幻无穷，在写生前要仔细观察海水的基本色调以及远近色彩的变化。海天交界处要画出恰当的虚实关系，否则就不能表现出遥远辽阔的空间效果。一般来说，要先画天空，接下来一定要等海天交界处的色彩未干时画海水，这样就会形成一条有虚实变化的海平线。

海水由远及近是有变化的，而这种变化又是不确定的。没有某种固定的色彩搭配可用来表现多变的海洋颜色。在这幅图画中，远处的海水颜色是用熟赭加浅绿以及湖蓝调和的；中线一带的海水加进了

图3-9（1） 步骤一

偏蓝紫色的成分；近景的海水是用熟褐加浅绿等颜色调和的。靠近礁石的海水形成一些漩涡及浪花，可以用留白的方法表现浪花。上图中的浪花都是利用白纸本身的颜色所体现的。利用画笔的侧锋较快地扫过画面，或是用蘸有较干颜料的画笔，这些都可以在画纸上留下生动的白色。

前景礁石的颜色是用熟褐、普兰、深红等色彩调和的。礁石的颜色也是非常丰富的，有的偏黑灰色，有的成红褐色，有的是黄褐色。总之要根据自己的直觉进行判断，在绘画上没有任何规定性的技法，直觉比认知重要得多。礁石画好后，可以用画笔蘸上少量的白颜色弹洒在海浪涌起的地方，这样可以更生动地体现浪花的效果。方法是：横握画笔，将蘸有白颜色的笔端贴近画面，然后用手指轻弹笔杆或笔尖让白颜色自然地洒落在画面上。

图3-9（2） 步骤二

图3-9（3） 步骤三

3.3 民居

民居建筑是水彩画家们非常青睐的一种题材，因其建筑形式多样，这种多样的建筑风格与构造形式，是长期吸引艺术家们的主要缘由。另外，民居建筑通常尺度适中，没有纪念性建筑或大型公共建筑那样大的尺度和体量，便于艺术家们从各种角度观察和选择构图。与此同时，人们长期生活和居住在那里，民居建筑环境中充满着日常生活中的亲切和熟悉感。阳台上的鲜花，农家院落里的菜蔬、谷物、农具等都可能成为构图中生动的绘画元素，甚至那些陈旧简陋的民居也常常引起艺术家们的表现兴趣。

例1

这幅画描绘的是江西民居中的一条小巷，高耸的墙壁在夕阳的映照下形成了美妙的光影，阴影里的石板小路朴素静谧。在绘画时除必须留白的地方以外，可将画面用淡淡的土黄色涂一遍。当其仍保持湿润时，在天空部分画上一些群青和少量的朱红色。接下来用熟褐混合普蓝画右侧房檐上方最暗的部分，紧接着用凡戴克棕、熟赭、群青调和画面右侧比较暗的墙面，自上而下、由暗到亮加水越来越多。用同样的几种色彩调和快速地将左侧的墙面涂绘一遍。至此，画面就呈现出一个基本的明暗和色调关系。

用群青调和熟赭、土黄等色彩画较亮墙面上的冷色调，这里的冷色调是受到了天光影响而形成的。需要特别注意的是，在画冷色时要趁色彩湿润时加进少量的暖色，以避免色彩过于呆板和单调。实际上任何一块色彩都应该是有变化的，区别只在于变化的大小，而变化是绝对的。

图3-10（1） 步骤一

图3-10（2） 步骤二

在这一步骤中主要是描绘暗调子墙面上的色彩变化。水彩画中的暗色调一般来说是不宜多次重复描绘，因此，在画比较暗的色彩时一定要准确果断，不能反复修改或涂抹。这里基本上还是使用第一遍画暗调子墙面时所使用的颜色，用群青、熟赭、土黄等色彩调和，根据实际的色彩变化增加或减少某种颜色，同时调整画笔上的含水量。

图3-10（3） 步骤三

图3-10（4） 步骤四

在白色墙壁的最上端是色彩比较暗的青瓦，为了表现逐渐深远的透视关系，需要注意色彩的浓淡虚实变化。通常，较近的物体色彩变化丰富且对比强，而渐渐远去的物体色彩纯度要低，明度对比也需减弱。远处墙壁上端突出来的檐口暗面以及阴影使用了比较暖的颜色，这是由于强烈的地面反光造成的。

地面的色彩变化十分微妙，在这条青石板铺成的小路上有来自墙面、天光等多种色彩和光源的影响，小路的远端色彩偏暖，近端稍稍偏冷。最后，用画笔或板刷蘸上适当的颜料，用手轻轻地弹画笔，让墙面上出现一些色斑，以增强陈旧墙面的质感和画面的肌理变化。

图3-10（5） 步骤五

例2

图3-11（1） 步骤一

这是黔东南地区的一个苗族村寨，其建造在一个山丘上，形成了高低不同、方向各异的建筑群落。由于所有的建筑都是用木材建造的，又经过常年的日晒雨淋，所以整个建筑群呈现出一种暖褐色调。开始作画时先用铅笔将构图和形象确定下来，然后用淡淡的土黄色将天空部分薄涂一遍。

在底色未完全干时，用较薄的群青画天空，此时须注意不要把颜色涂得太均匀。然后用熟赭加土黄等暖色将建筑的受光部分简单地画一画。

图3-11（2） 步骤二

从构图上方开始画建筑。一般来说，在画阴影等暗色调时不要用黑色，纯黑色不能恰当地表现光和空间的效果，而应当使暗色调保持某种色彩倾向，或冷或暖视情况而定。在上图中，屋檐以下的暗颜色是用熟褐或凡戴克棕加群青调和的；屋顶部分用熟赭调群青，但加水要多、涂得要薄，才能使色彩比较明亮。

一般来说，当阳光比较强的时候，建筑的背光面会受到来自地面反射光的影响出现一些较暖的色彩倾向，越是接近地面色彩就越暖。在上图中接近地表的建筑暗面是用熟褐、朱红以及土黄等色彩调和的。这种暖色可以体现来自地面反射光的影响。

图3-11（3） 步骤三

图3-11（4） 步骤四

前景是由色调明亮的农作物与处在阴影中那些色调暗淡的树叶及房屋局部构成的，它们形成了强烈的明暗对比。阳光下农作物的颜色是用中黄、浅绿调和的。需注意的是画亮色时要画得很薄，要让画纸的白色光泽充分显现出来，如果亮部颜色画得过厚会导致颜料淤塞灰暗，使画面完全失去光泽。

图3-11（5） 步骤五

图3-12（1） 步骤一

例3

这是一幢临河而建的民居，房屋的一部分悬于河岸之外，由数根木桩支撑着，形成一种有趣的构图。先用群青加朱红和少量的中黄以很湿润的色彩画天空，在渲染过程中根据需要改变色彩的调和比例，并且使其自然流动，因势利导、自然成形，不要反复涂抹，这时天空的色彩会呈现出冷暖色调的和谐变化。接下来，用画天空的色彩继续画构图中左下角的水面。用钴蓝、熟赭、中绿等色彩调和，画房子的基础色调。这时最关键的是基本色彩要准确且不宜过厚，同时必须要有变化。

画面中心部位的房子是这个构图的主体，所以无论是结构关系还是色彩关系以及明暗关系，在这里都进行了适当的强化，以凸显其视觉上的明确性。画面左侧是远景的房屋和明亮的河水，画远景时色彩纯度要低。画面右侧的墙面色彩是由中绿、熟赭、土黄等调和的。在描绘右侧的墙壁时色彩的含水量很多，从画面的黑白布局来说，右侧墙壁色彩不宜太暗，以免与画面核心部分房子的明度重复。

画面主体部分的结构细节需要深入刻画，以形成一种趣味的核心。但是过多的细节描绘不可取，如果细节过多而又处理不当，画面会变得很琐碎。总体来说，一切细节的表现都要服从画面构图的总体效果，切不可过度繁复，失去整体。

图3-12（2） 步骤二

图3-12（3） 步骤三

在这个步骤中进一步描绘画面右侧的墙壁以及屋檐和窗户的细节，同时将地面的色彩整体薄涂一遍。地面的色彩由远而近、从冷转暖，这种色彩变化不可忽视。

最后需要进行细节的充实和整体的调整，在路面的远端使用了中绿色，在路面的近端分别使用了群青、朱红、熟赭等颜色，这些色彩是依次薄涂上去的，而不是在调色板上调好后涂上去的。右侧墙体上的砖块起到了丰富画面的作用，色彩既要有变化，又要整体统一。

图3-12（4） 步骤四

图3-12（5） 步骤五

例4

这幅画表现的是南方一小镇的街景，街道两侧是木结构建筑为主的民居，中间是狭窄的石板小路。在这个构图中，两侧建筑物阴影中的暗色调是比较难把握的部分。水彩画中的暗颜色是较难掌控的色彩，尤其是大面积的暗颜色，既要保证色彩浓度饱满，又不能使颜色过于厚重。

图3-13（1） 步骤一

图3-13（2） 步骤二

首先画构图中比较明亮的颜色，如天空、墙壁的受光面以及地面的颜色，然后开始画两侧墙壁的暗色调。可以从较暗的屋檐画起，用凡戴克棕加普兰和群青等颜色，以适当的浓度由上至下、由暗到亮，迅速且概括地整体涂染一遍。在色彩仍保持湿润时，开始在其间略加上一些具体变化，如门窗等内容。需要注意的是，使用暗颜色切不可过厚，如果颜色过于浓重了，后续将很难顺利进行。

凡戴克棕与普蓝或湖蓝调和会产生一种偏绿的棕色，凡戴克棕与群青、深红等色彩调和会形成某种偏紫的棕色。

在浓重的暗色调里最多重复涂染两遍颜色，如果第三遍重复画必然导致暗色滞涩呆板，以致无法继续深入描绘下去。

地面虽然大部分是处在建筑的阴影里，但是由于强烈的天光影响，出现了明显的冷色倾向。这里地面上阴影部分的色彩是用湖蓝与朱红等颜色调和的。视其变化情况，某些部分更倾向于蓝，而某些部分则稍倾向于暖灰。

图3-13（3） 步骤三

最后将画面中的细节部分补充完成，如门窗、砖瓦、石块、电线等。细节的描绘能够使画面丰富起来，同时也会使作品凭添许多叙事趣味。任何一件作品的成功首先在于它的整体性，失去了构图、色彩、明暗等要素，任何细节都没有意义。然而在写生实践中许多初学者最易犯的错误之一就是过分喜欢关注和表现细节，而忽略了画面的整体关系。

图3-13（4） 步骤四

例5

图3-14（1） 步骤一

“小桥流水人家”，江南水乡曾吸引无数的美术爱好者流连忘返、常画常新。

在这幅水彩画的构图中，石桥是主题。它占据着画面的中心位置，桥身上自然生长的植物打破了线条的单调感。开始着色时，先用淡淡的颜色从天空画起，最好选用大号画笔且含水量多的。同时，这是一个多云的天气，天空的颜色纯度不高，画面颜色可以用群青加朱红和中黄色调和。

作画时由远而近，先从房屋画起，屋顶的颜色是用熟褐、群青等色彩调和的。墙面颜色稍微偏暖，可以用蓝色加土黄和朱红等暖色调和。

石桥是画面中的主体，所以要谨慎描绘。桥身的最上沿应留有一线高光，以隔开桥体与背景之间过于接近的明暗关系。画植物时一定要注意点与面的结合，先用含水量较多的笔触画大面积

图3-14（2） 步骤二

的绿色，其间要随时变化色相以及浓淡，待其仍旧湿润但不会将新加上去的笔触融化时，再画点状的小笔触。这里的植物颜色是由普蓝、湖蓝、赭石、淡黄等颜料调和的。

各个部分的基础色调确定下来以后，开始进一步描绘更加深入而具体的结构。如屋顶上的瓦垄、门窗、砖石、栏杆等。

图3-14（3） 步骤三

图3-14（4） 步骤四

水面上几乎倒映着所有岸边景物的颜色，画水面时用笔要肯定。

图3-14（5） 步骤五

例6

图3-15（1） 步骤一

这幅画表现的是一条市肆街景，首先要将构图对象的空间环境进行整体的色彩判断。比如，从明暗关系和色彩关系上分析由远而近是怎样的一种变化趋势，这种分析判断很有必要。当你对写生对象在感官上有了一个整体性的把握之后，应当在表现过程中始终抓住这个最初的感受和判断。

在这个构图中，阳光照射在远景的建筑上，近处的景物完全笼罩在建筑物的阴影中。从画面整体来看，远景非常明亮而且色彩很暖；近景色调偏暗且色调比较冷。在画最远处的建筑时用色很薄，以使其保持明亮的色调。画面左侧的墙壁和地面色彩是用普蓝、凡戴克棕、大红以及熟赭等色彩调和的，色彩比较暗且冷，以表现大面积的阴影。

最后点缀上一些细节，如人物、电线、石块、栏杆等，这样既可以起到丰富画面的作用，又增加了叙事趣味。

图3-15（2） 步骤二

图3-15（3） 步骤三

3.4 古建筑

说到古建筑，我们立刻就会想到那些复杂的结构和精致的装饰，正是由于那些独具特色的形式，唤起了我们的美感享受和写生欲望。然而，当你拿起画笔时，最感困惑的就是如何表现那些暴露在表面的复杂结构和各种纹饰。一条条的瓦垄，数不清的瓦当、滴水、椽子、横梁、斗拱、彩绘、花格……其实不必为此担心，因为我们根本就无需注重这些细节。写生时所关注的是建筑的整体特征，而不是照抄所有的细节，而且有些东西是必须要仔细斟酌的，如建筑的基本形态，特定角度下的透视关系以及各主要部分的结构与比例等。古建筑的结构、比例、尺度等都具有比较严格的规范，如果我们有意无意地改变了它们的形状或比例，就不能充分地体现出古典建筑的气质特征。当然，绘画不是工程图，写生的目的不是准确无误地再现对象的所有内容。无论是建筑的形态或比例、透视等，只求其原则上准确即可，甚至可以根据画面的需要进行适当的夸张或削减。我们所要关注的主要内容，应该是建筑的整体形态和画面中的明暗、色彩等基本要素之间的关系。即使是描绘细节，也应当抓住它的基本特征，而不是被动地模仿。

古建筑虽然比现代建筑在形态上更加复杂，但是在构造、比例、装饰等方面也具有很强的规律性。如果经常观察，勤于实践，就会逐渐了解和掌握这些规律，并且根据自己的兴趣和风格画出理想的水彩画作品。

例1

图3-16（1） 步骤一

这幅画的主题是一座绿树环抱之中的垂花门及回廊，大面积的绿叶和林荫构成了蓝绿色的主调。铅笔稿画好后，首先以很湿的蓝绿色铺满画面，其中的冷色主要是由湖蓝、普蓝、群青、中黄和柠檬黄等颜色调和的。只有地面的颜色稍稍倾向于暖色，地面的色彩使用了湖蓝与朱红。

画面右上方建筑顶子的局部在阳光照射下显得非常亮，这里需要留白，只有白纸本身的明度才能充分体现这里的光感，而且这里始终是画面中最亮的部分。需要注意的是，在这种特定的光线角度下，处于屋檐下部的瓦当成了最暗的部分，只要画出瓦当的形状，屋顶的曲线特征就表现出来了。要注意线条整体的虚实变化，切不可上下一致、生硬呆板。

檐下部分的结构和色彩非常复杂，这也正是让初学者感到棘手的地方。你必须放弃对细节的兴趣，把观察的重点集中到整体的色调效果上。在绘画过程中要分两到三遍来完成，首先画出你所看到的基础色调。在这个过程中不同的色相可以湿接上去，如红、绿、蓝等色彩可以根据对象的固有色情况相互湿接，不要把色彩在调色盒里调匀，而是让颜料在画面上经过水的流动自然变化调和。待第一遍色彩仍有湿润感时画第二遍颜色，这时主要是描绘具体的结构或装饰细节，但仅仅是写意而已。

图3-16（2） 步骤二

图3-16（3） 步骤三

表现回廊上的花格时主要应强调虚实变化，至于哪些部分要清晰明确，哪些部分应含蓄甚至不画，取决于现场观察所获得的直觉。总之，虚实变化是绝对的，而变化大小是相对的。

在前面的步骤中，地面的色彩使用了比较暖的颜色，在此基础上用倾向于冷的色彩画地面上的阴影。最后再将整幅画进行必要的局部调整。

图3-16（4） 步骤四

图3-16（5） 步骤五

例2

悬空寺建造于恒山的悬于崖壁上的寺庙。仅就它那奇特的外观，就足以吸引我们拿起画笔来表现了。

这幅画的构图选择了一种很大的透视角度，因此在起稿时需要特别注意透视的合理性。画面中间是建筑主体，左侧是崖壁，近景有数根支撑建筑的高高的圆木桩。铅笔稿画好后，用清淡的颜色画出基础色彩和大致的明暗关系。

图3-17（1） 步骤一

图3-17（2） 步骤二

建筑主体部分和近景圆木桩的颜色运用了一种比较陈旧的红色，是以土红加群青、钴蓝等色彩调和的。屋檐下的绿色是用湖蓝、熟褐调和的。这里需要强调的是，最好不要用调色盒里现成的绿色直接画，这里左侧崖壁岩石的色彩使用了土黄、中黄。为了避免黄色的纯度过高，又加了一些淡淡的紫色。当需要降低某种色相的纯度时，加进这种色彩的补色是一种经常使用的办法。

由于这个建筑的瓦当和椽子都是绿色的，所以整个屋檐都呈现绿色调。画檐下的椽子时需特别注意透视关系，如果透视关系不对，建筑结构就会扭曲变形。

图3-17（3） 步骤三

图3-17（4） 步骤四

用更暗一些的颜色画建筑结构的细节部分，以暗颜色覆盖挤压亮颜色并留出所需要的准确形状是水彩画常用的手段。在这个步骤中，建筑上的主要形状和结构效果就是用这种方法完成的。

作品中那些很暗的暖颜色是用普蓝、熟褐、深红等色彩调和的。

图3-17（5） 步骤五

最后完成画面左侧的岩石和石阶等内容。岩石的颜色中包含土黄、中黄、熟赭、朱红、群青等。

例3

图3-18（1） 步骤一

红色的钟楼掩映在茂密的绿叶和林荫中，形成了明确的红绿对比。在强烈的阳光照射下，建筑和树叶都反射着刺眼的高光。

用很湿的颜色铺满画面形成整幅画的基本色调。要准确画出建筑结构上关键部位的轮廓，其余部分可以大胆地让不同的色彩任意流动融合。古建的檐下部分结构复杂、色彩丰富，可以趁颜料很湿的时候将红、蓝、绿等色彩分别画上去，形成一种含蓄的固有色感觉。

图3-18（2） 步骤二

图3-18（3） 步骤三

有了前面的色彩基础，接下来就顺理成章地走向局部的刻画。斑驳的树影散落在几乎近似白色的屋顶上，形成蓝紫色的阴影。檐下的彩绘装饰可以用简单的几笔来表现其特征，红墙上的色彩虽暗但纯，大面积的绿叶色彩变化最丰富，也许是这幅画里最难表现的部分。画树叶时，首先要顾及绿色明暗和冷暖关系的整体分布，先用比较湿的色彩大面积涂绘，最后再用小笔触收尾。

图3-19（1） 步骤一

3.5 废墟

废墟常常是一种非常入画的题材，它的美体现为线条、形状、色彩以及肌理等所有绘画要素的极大丰富和奇异变化。建筑物原有的严谨结构和几何关系在废墟中不见了，它所展现出的丰富变化成为某种自然而富有生命感的形态。

例1

这是一处古罗马建筑遗址，在强烈的阳光照射下废墟散发出耀眼的光芒。先用很薄的颜色涂刷一遍基础色调，在建筑的受光部分涂上淡淡的暖色，可以用土黄、中黄和少量的朱红调和。然后在天空、建筑物的背光面、地面上的阴影等区域涂刷上一层很薄的冷色。这种冷色调可以用湖蓝、群青、朱红等色彩根据情况以不同的比例调和。需要强调的是，在这个步骤中所使用的色彩一定要很湿、很薄，切不可过浓或过于干燥。

由于照射在地面上的阳光反射强烈，会使建筑物立面的大部分背光区域呈现为一种非常暖的颜色。这种暖色变化很丰富而且很微妙，可以用土黄、中黄、朱红加少许的冷颜色，如群青、湖蓝等色彩调和。地面上的阴影不同于建筑立面上的背光部分，地面上的阴影受到天光的影响呈现为比较冷的色彩。

大面积的色彩关系确定后，开始深入描绘物体的局部结构。这幅画是从画面的主题部分开始深入的，从画面构图中可以看出主要建筑物的空间距离比较远，为了表现这样的空间效果，不要将结构或轮廓画得过于清晰，明暗对比也不能过于强烈。

图3-19（2） 步骤二

图3-19（3） 步骤三

画面左侧的立柱和地面上倒放着的柱形巨石完全遮蔽在阴影中，在蓝色天光的影响下是一种冷灰色调，可以用群青、湖蓝、熟赭、朱红等色彩根据需要调和使用。

画面中最亮的区域是那些横置在废墟中的方形巨石，这些石头在构图中被建筑和地面的两块暗色调夹在中间，强烈的明暗对比越显其亮。这里白色的画纸，基本做留白处理，只是根据情况在背光处使用了些许暖色或冷色。

图3-19（4） 步骤四

图3-19（5） 步骤五

例2

图3-20（1） 步骤一

在蓝天的映衬下，一段断瓦残垣的烽火台矗立在山巅之上，它那因残破而变得奇特的轮廓和浑厚而光辉的色彩很是动人。

作画时先用清水将纸面刷湿，然后用淡淡的蓝色从天空画起，并且让这种蓝色随着湿润的纸面浸染到城墙的上端。在阳光照射下的墙体上使用了很浅的暖色，接近地面的部分是灌木和阴影，因此使用的是冷色调。

待前一步骤的色彩基本干了的时候，就开始从墙体的上端着色。

图3-20（2） 步骤二

在这段残垣的上端还保留着比较完整的结构，可以很细致地描绘这个部分。当基础色彩画完之后，用文具刀的刀尖刮出一些白色的灰缝。

墙体大部分已经剥落坍塌，留下了凹凸不平的残迹，可以使用概括的笔触表现出它的大致结构关系和整体色彩印象即可。

图3-20（3） 步骤三

图3-20（4） 步骤四

图3-20（5） 步骤五

最后需要小心地描绘细节，所谓小心描绘是指经过认真推敲后再决定哪些细节需要画而哪些需要简略概括。企图把见到的内容都画出来是根本做不到的，而且这样想本身也就错了。

3.6 现代建筑

在水彩画中不乏表现建筑题材的作品，但是多以民居和传统建筑为主，除了那些为工程目的而创作的建筑画之外，真正以写实的手法描绘现代建筑的水彩画并不多见。现代建筑是否能“入画”呢？那些简洁单纯的线条和平滑呆板的平面能否产生画意呢？这样的疑问只有通过创作实践才可以得到解释。

例1

这是一幢现代建筑的内景，其主要建筑材料是钢铁和玻璃。

先用清水将整张画纸涂湿，然后根据画面物体的色彩使用约三公分宽的刷子大面积地涂基础色调。除必须严格留下轮廓的地方外，其余地方可以任色彩随意流动。这个过程中用色要很湿很薄，切不可让颜色过浓或过于干燥。

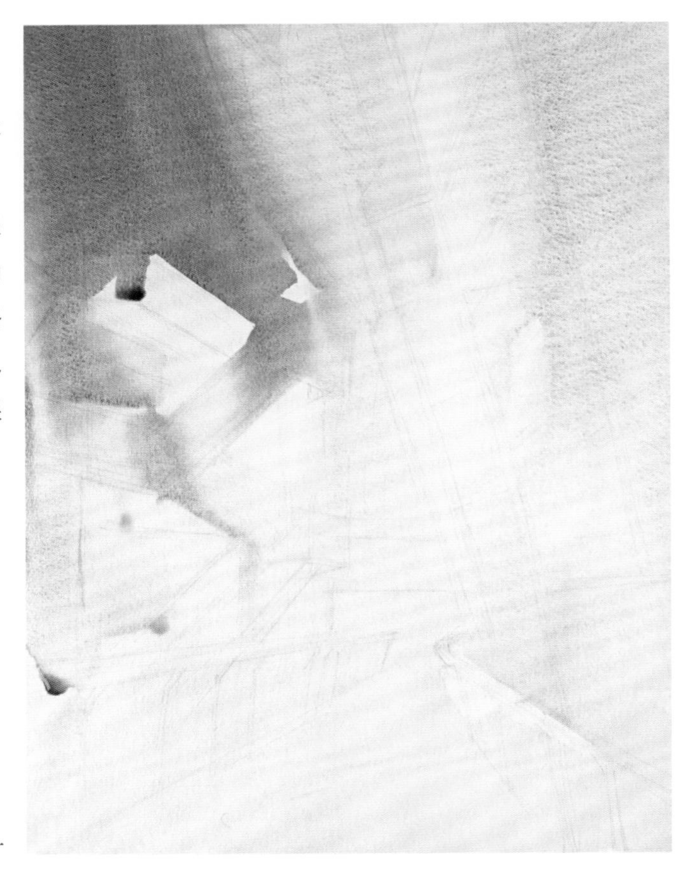

图3-21（1） 步骤一

图3-21（2） 步骤二

基础色彩涂染完以后，在色彩未完全干燥时开始画第二遍颜色。在这个步骤中用色要尽量准确，笔触需果断，最好不要反复涂改。

表现钢铁、玻璃这样的材质时要凸显其平滑、坚硬、明亮的材料质感。用笔用色但求准确果断，结构细节可未必精准。绘画所追求的是建筑物的整体构造特征和理想的画面效果。对结构的表现重在印象和感觉，而不是轮廓以及构造的细节。这一点有别于纯粹用于工程目的的建筑绘画。

图3-21（3） 步骤三

图3-21（4） 步骤四

所有的色块，无论面积大小都要尽量画出一些色彩变化，以避免局部的生硬呆板。办法是，当某处局部颜色涂上去之后，一定要趁其未干时加进其他色彩，并使其自然地流动和变化。

图3-21（5） 步骤五

最后进行画面的整体调整，并充实一些细节。所有很纤细的线都是最后画上去的，画很细的线最好选用笔锋细长的小号画笔，必要时可以将蘸好颜料的笔在纸巾上吸干水分，这样就可以画出纤细的线且干枯的笔触。

例2

图3-22（1） 步骤一

图3-22（2） 步骤二

这幅画表现的是植物园里的一幢玻璃建筑，这座建筑坐落于绿荫环抱的山脚下，在浓郁的背景映衬下凸显出钢铁和玻璃的明亮。

在玻璃暖房内养植着热带植物，这些植物的颜色透过玻璃隐约显现出来。可以用深一些的蓝绿色表现房内的植物色彩，同时挤压出稍亮一点的钢框架。需要注意的是，无论是画玻璃还是钢铁框架，它们在色彩和虚实关系上均有变化，切不可千篇一律。

用小号画笔描绘局部的细微变化。哪里该画、哪里不需要画，取决于直观感受，也取决于画面整体效果的需要。

图3-22（3） 步骤三

4 水彩画作品

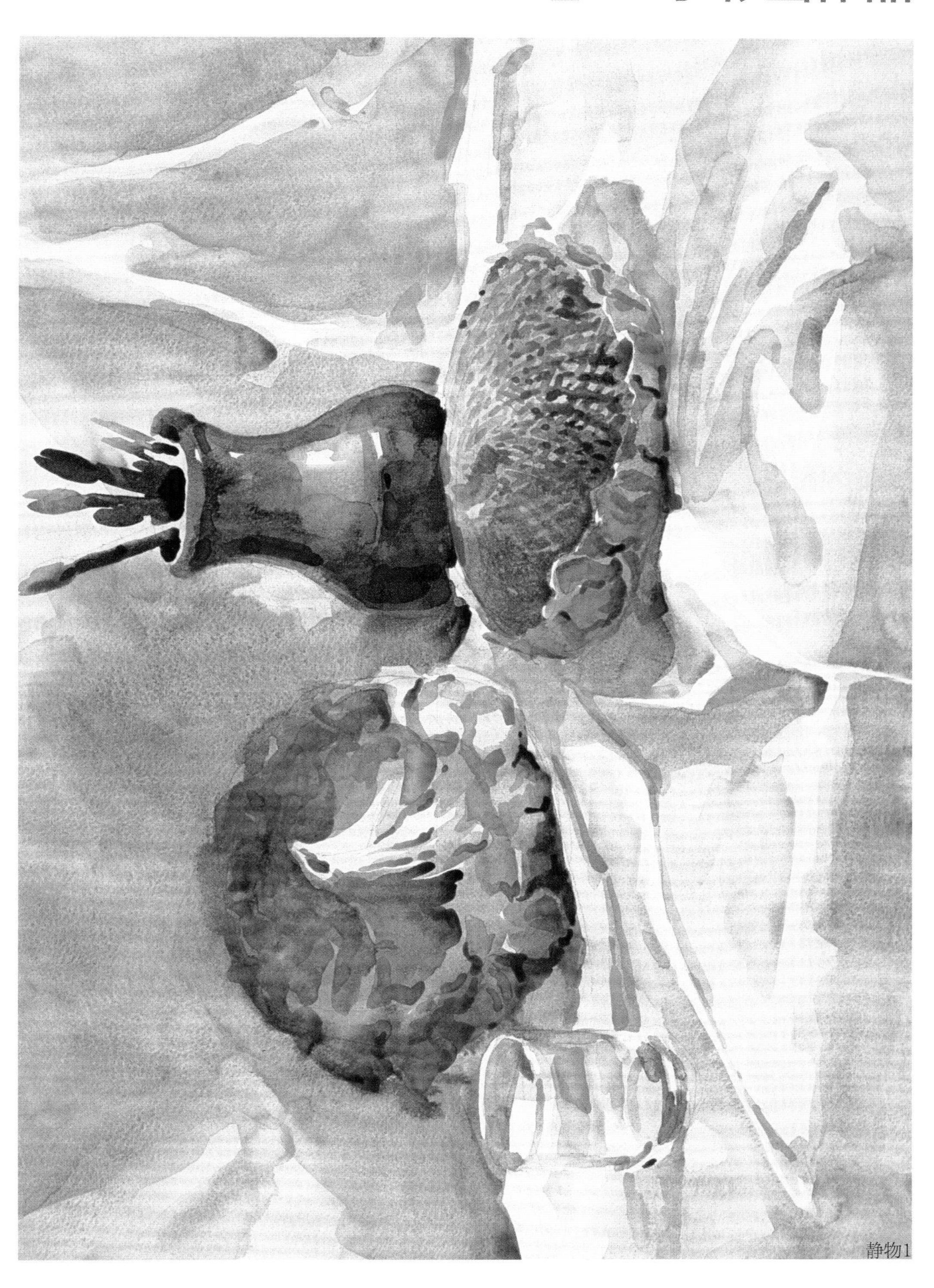

静物1

静物2

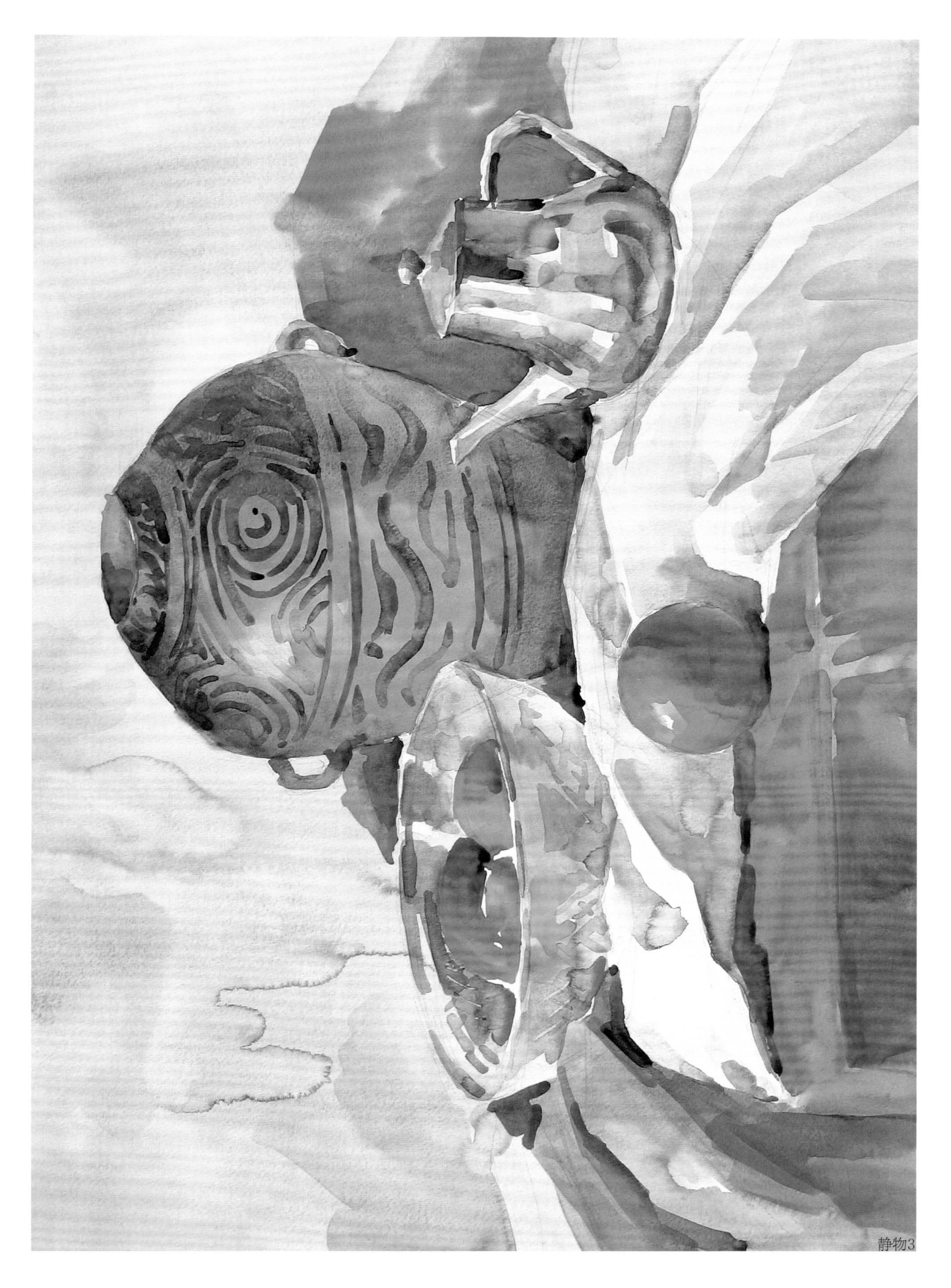

静物3

摄影师

花卉1

花卉2

秋意

农家院

海边渔船

山谷融雪

郊外

晨光

盛夏

仲秋

窑洞人家

陕北农家

逆光

城市民居

青岛街景

民居

前门大街

现代建筑

城市风景1

城市风景2

城市风景3

步行街